冲击波物理：
冲击物性数据

罗胜年 蔡 洋 徐 杰 著

科学出版社

北 京

内 容 简 介

本书汇集凝聚态物质冲击压缩和层裂等冲击物性性能数据，包括金属单质、传统合金、多主元合金、聚合物和纤维复合材料 5 类材料。全书分为 6 章。第 1 章介绍材料表征、轻气炮工作原理、动态激光多普勒测速原理和物性测量方法。第 2～6 章展示具体材料冲击压缩线和层裂数据，主要包括基本材料和实验参数、材料组织结构、波剖面和数据分析，均以图表形式呈现。

本书旨在填补部分冲击物性数据空白，可作为冲击波物理、爆炸力学、材料设计以及性能评估的参考手册。

图书在版编目（CIP）数据

冲击波物理：冲击物性数据 / 罗胜年，蔡洋，徐杰著. -- 北京：科学出版社，2025.3
    ISBN 978-7-03-075840-8

Ⅰ.①冲… Ⅱ.①罗… ②蔡… ③徐… Ⅲ.①冲击波－物理学 Ⅳ.①O347.5

中国国家版本馆 CIP 数据核字(2023)第 109006 号

责任编辑：武雯雯　贺江艳 / 责任校对：彭　映
责任印制：罗　科 / 封面设计：墨创文化

科学出版社 出版
北京东黄城根北街 16 号
邮政编码：100717
http://www.sciencep.com
成都锦瑞有限责任公司印刷
科学出版社发行　各地新华书店经销

*

2025 年 3 月第 一 版　开本：720×1000　1/16
2025 年 3 月第一次印刷　印张：12 1/4
字数：291 000
定价：159.00 元
（如有印装质量问题，我社负责调换）

前　言

　　冲击波物理是以实验为基础、涉及多时空尺度的交叉学科。冲击绝热线 Hugoniot(于戈尼奥)、动态屈服、动态断裂、动态响应时程曲线 (波剖面)、高压声速等数据，对于建立状态方程、发展/校验本构和损伤模型以及工程应用等至关重要。高压区的波结构相对简单，而在低压区，塑性冲击波/相变冲击波通常未能超越弹性前驱波/塑性冲击波，波结构和 Hugoniot 参数的确定更为复杂。动态屈服和动态断裂依赖于具体材料、实验几何和加载特征等，对初始微细观结构以及压缩变形和随后拉伸变形引起的结构变化十分敏感。新材料研发和应用场景的拓展对冲击物性数据提出了更高更新的要求。已公开的冲击绝热线数据主体来自美国和俄罗斯，且主要针对高压区。目前冲击物性数据文献面临的问题包括：低压区数据极少，实验和数据解读不规范，数据分散性大；高质量波剖面数据缺乏；微细观结构通常被忽略；非内禀因素如实验几何和加载特征未提供；数据系统性较差；缺乏针对本土材料的专业数据等。

　　针对以上冲击物性文献中存在的不足，本书包含尽可能完整的材料、加载与测量参数和数据。涵盖的材料包括金属单质、传统合金、多主元合金、聚合物和纤维复合材料。本书中材料表征、波剖面、冲击物性等数据均在作者实验室系统获得。材料表征、气炮加载、动态激光多普勒测速以及物性测量的方法在第 1 章中介绍。第 2~6 章分类介绍具体材料的冲击性能数据，包括每种材料的初始微细观结构表征、波剖面数据和标准数据分析结果。本书 (英文名：Shock Physics: Hugoniot and Spall Data) 可作为冲击波物理、爆轰物理、工程材料设计/仿真与性能评估的参考手册，其内容将不断更新和扩展。我们借本书抛砖引玉，与国内外同行共同丰富完善冲击物性数据库。

　　我们感谢十余年来与我们一起并肩工作的科学家、技术人员和研究生，包括别必雄、柴海伟、陈良柱、范端、韩鹏飞、李凌霄、林赞华、卢磊、潘若晨、孙悦峰、王薛峰、杨坤、张宁泊、钟政烨等。对西南交通大学、国家自然科学基金委员会、科学技术部和四川省科技厅提供的各类支持一并致谢。

罗胜年　蔡洋　徐杰

缩写词对照表

缩写词	中文专业名词	英文名词
2D	二维	two-dimensional
3D	三维	three-dimensional
ABS	丙烯腈-丁二烯-苯乙烯	acrylonitrile-butadiene-styrene
BC	菊池带衬度	band contrast
BCC	体心立方	body-centered cubic
BD	增材制造中的构建方向	build direction in additive manufacturing
BSE	背散射电子	backscattered electron
CF	碳纤维	carbon fiber
CFREC	碳纤维增强环氧复合材料	carbon fiber reinforcement epoxy composite
CT	计算机断层扫描	computed tomography
EBSD	电子背散射衍射	electron backscatter diffraction
EDS	能量色散 (X 射线) 谱	(X-ray) energy-dispersive spectrum
EOS	状态方程	equation of state
FCC	面心立方	face-centered cubic
GB	晶界	grain boundary
GF	玻璃纤维	glass fiber
HCP	密排六方	hexagonal close-packed
HEA	高熵合金	high-entropy alloy
HEL	于戈尼奥弹性极限	Hugoniot elastic limit
IPF	反极图	inverse pole figure
KAM	核平均取向差	kernel averaged misorientation
LD	纵向	longitudinal direction
LDV	激光多普勒测速仪	laser Doppler velocimeter
ND	法向	normal direction
OFHC	无氧高电导率	oxygen-free high conductivity
PA	聚酰胺 (尼龙)	polyamide (Nylon)
PC	聚碳酸酯	polycarbonate
PDV	光学多普勒测速仪	photonic Doppler velocimetry
PEEK	聚醚醚酮	poly(ether-ether-ketone)
PET	聚对苯二甲酸乙二醇酯	polyethy-lene terephthalate
PF	极图	pole figure
PI	聚酰亚胺	polyimide
PMMA	聚甲基丙烯酸甲酯	poly(methyl methacrylate)
RGB	三原色	red-green-blue
RD	挤出方向	rolling direction
SEM	扫描电子显微镜	scanning electron microscopy
SNR	信噪比	signal-to-noise ratio
STFT	短时傅里叶变换	short-time Fourier transform
TB	孪晶界	twin boundary
TD	横向	transverse direction
TEM	透射电子显微镜	transmission electron microscopy
UHMWPE	超高分子量聚乙烯	ultra-high mole-cular weight polyethylene
XRD	X 射线衍射	X-ray diffraction

变 量 符 号

符号	物理量	英文名词
a, b, c	晶格常数, 晶胞尺寸	lattice constants, unit cell dimensions
α, β, γ	晶格常数, 晶胞夹角	lattice parameters, unit cell angles
a_r	由于层裂引起的自由面速度回跳的加速度	rebound or pullback rate of interface/free-surface velocity due to spall
C	声速	sound speed
C_0	u_s-u_p 拟合参数	intercept for the u_s-u_p relation
C_B	体波声速	bulk sound speed
C_L	纵波声速	longitudinal sound speed
C_T	横波声速	transverse sound speed
h_f	飞片厚度	flyer plate thickness
h_t	样品厚度	target thickness
h_s	层裂片厚度	spall plate thickness
h_{spall}	层裂面的空间坐标	spall plane's spatial coordinate
m.r.d.	随机分布倍数	multiples of random distribution
ε	体应变	volumetric strain
n	折射率	index of refraction
ρ	冲击态密度	shock-state density
ρ_0	初始密度	initial density
s	u_s-u_p 线性拟合参数	linear fitting parameter for the u_s-u_p relation
s_1, s_2	u_s-u_p 二次拟合参数	quadratic fitting parameters for the u_s-u_p relation
σ	峰值冲击应力	stress or peak shock stress
σ_H	冲击态应力	peak shock stress
σ_{HEL}	于戈尼奥弹性极限应力	stress at Hugoniot elastic limit
σ_y	动态屈服强度	dynamic yield stress
t	时间	time
τ	压缩脉冲时间宽度	compressive pulse duration
u_f	飞片速度	flyer-plate velocity
u_{fs}	自由面速度	free-surface velocity
u_p	冲击态粒子速度	shock-state particle velocity
u_s	冲击波速	shock velocity
u_{s_1}/u_{p_1}	第一个冲击波或弹性先驱波的冲击波速/粒子速度	shock velocity/particle velocity for the first shock or elastic precursor
u_{s_2}/u_{p_2}	第二个冲击波或塑性冲击波的冲击波速/粒子速度	shock velocity/particle velocity for the second or plastic shock
V	比容	specific volume
V_0	初始比容	initial specific volume
$\tilde{V}$	归一化比容, V/V_0	normalized specific volume, V/V_0

目　　录

第 1 章　实验方法学

1.1　材料表征

1.1.1　X 射线衍射分析

X 射线衍射 (XRD) 用于表征材料晶体结构、相结构、晶粒尺寸、晶体学取向 (织构)、应变及结晶度。结晶度表征材料分子空间排列的有序程度,是聚合物重要的材料参数,可通过比较非晶相和结晶相衍射峰的强弱来进行量化[1-3]。

X 射线衍射源自 X 射线的相干弹性散射并遵守布拉格定律[4]:

$$2d\sin\theta = n\lambda \tag{1.1}$$

式中, d 为发生衍射晶面的间距 (晶面间距或面间距); θ 为布拉格角; n 为反射级数; λ 为 X 射线的波长。实验室 X 射线源和同步辐射光源可用于 XRD 表征,获得单晶或多晶样品的一维或二维衍射图谱,用于后续的半定量或定量分析。

1.1.2　扫描电子显微镜检查法

扫描电子显微镜 (SEM) 通过聚焦电子束扫描样品表面以产生样品的二维图像[5,6]。被加速的电子与样品相互作用并产生二次电子 (由电子束从原子激发的电子)、背散射电子、衍射背散射电子、光子 (用于元素分析的特征 X 射线和连续 X 射线)、可见光 (阴极荧光) 和热。扫描电子显微镜通常在几千伏至三十千伏的电压下工作。

二次电子像用于展示样品表面的形态形貌,而背散射电子 (BSE) 成像利用化学成分的对比度实现快速物相识别。传统电镜扫描区域范围为 5μm ~ 1cm,放大倍率范围为 20 ~ 30000 倍,空间分辨率范围为 50 ~ 100nm。

1.1.3　电子背散射衍射

电子背散射衍射 (EBSD) 是一种利用扫描电镜电子束进行微结构 (晶体取向) 表征的技术[7,8]。扫描电镜主电子束流中的电子被晶体样品中的原子层衍射,衍射电子在二维探测器生成菊池带或电子背散射衍射图案。这些图案由入射电子束的漫散射和样品晶面对应的电子衍射产生,提供晶体结构、晶体取向 (织构)、物相或应变的定量信息。EBSD 通常借助配备了 EBSD 探测器的扫描电镜实现。

反极图 (IPF) 取向图、菊池带衬度 (BC) 图、核平均取向差 (KAM) 图、极图 (PF) 和沿材料不同方向的反极图,均可用以微观结构的可视化。反极图取向图显示沿样品表面法线方向的取向分布,其着色参考三原色 (RGB) 取向三角形 (扇形)。菊池带衬度图的灰度值表示对应区域的花样质量或花样清晰度,反映样品的应变大小和菊池带标定质量。

KAM 图显示表征区域的平均累积取向差，反映材料的几何必需位错密度和残余塑性变形程度。极图和反极图分别描述材料特征晶面 (hkl) 和特征晶向 $[uvw]$ 在样品坐标系下的空间分布，反映了晶体的择优取向信息。

1.1.4　能量色散 X 射线谱

入射电子与样品原子离散轨道上的电子发生非弹性碰撞，产生元素能谱分析所需的特征 X 射线。安装在扫描电镜中的能量色散 X 射线谱 (EDS) 探测器可对不同元素的特征 X 射线进行探测，以确定特定元素的类型和占比，生成元素成分分布图[6]。

1.1.5　计算机断层扫描

计算机断层扫描 (CT) 在样品旋转的同时获取大量的投影图像，并利用累积衰减曲线计算 X 射线衰减特征在整个探测截面上的空间分布。扫描对象的表面和内部可重建成由体像素组成的三维结构。基于实验室和同步辐射 X 射线源的 CT 空间分辨率为 $0.1\sim 10\mu m$[9,10]。

1.1.6　拉曼光谱分析

拉曼光谱分析是一种无损的分析技术，它是基于光和材料内化学键的相互作用而产生的，可以提供样品化学结构、相和形态、结晶度以及分子相互作用的详细信息，还能够提供聚合物固体、薄膜或溶液的物理化学特性信息，如聚合物的结构单元、空间构型、晶态结构、分子链的物理构象，或分子链和侧基在界面间或在各向异性材料中的排列等链取向信息等[11,12]。

1.1.7　超声波测速

超声波 (>20000Hz) 可用于测量纵波和横波声速[13]。超声波测速利用超声波脉冲在不同传感器之间或返回到同一传感器的传输时间推测波速，其误差约为 1%。

对于常见的各向同性多晶固体，其体波声速 (C_B) 和泊松比 (ν) 可通过纵波声速 (C_L) 和横波声速 (C_T) 推算[14]，即

$$C_B = \left(C_L^2 - \frac{4}{3}C_T^2 \right)^{\frac{1}{2}} \tag{1.2}$$

$$\nu = \frac{\frac{1}{2}\left(\dfrac{C_L}{C_T}\right)^2 - 1}{\left(\dfrac{C_L}{C_T}\right)^2 - 1} \tag{1.3}$$

1.2　轻气炮工作原理

在轻气炮中，子弹由后方的高压气体驱动[15,16]。假设驱动气体为理想气体，初始压强为 p_0，初始密度为 ρ_0（下标 0 表示初始状态），其绝热膨胀过程中的压强 p 和密度 ρ 满足

$$\frac{p}{p_0} = \left(\frac{\rho}{\rho_0}\right)^{\gamma} \tag{1.4}$$

对应声速为

$$c = \sqrt{\frac{\gamma R T}{\mu_{\mathrm{m}}}} \tag{1.5}$$

式中，γ 为定压比热容和定容比热容之比；R 为气体常数；T 为温度；μ_{m} 为驱动气体的摩尔质量。

设 x 为子弹在长度为 L、内径为 D 的炮管中行进的距离。作用在子弹上的力为[17]

$$F = m\frac{\mathrm{d}^2 x}{\mathrm{d}t^2} = mv\frac{\mathrm{d}v}{\mathrm{d}x} = A[p(x) - p_{\mathrm{b}}] - f \tag{1.6}$$

式中，m 为子弹质量；v 为子弹速度；t 为时间；p 为子弹后方的气体压力；p_{b} 为子弹前方的环境气体压力 (炮管压力)；f 为摩擦力；截面积 $A = \pi D^2/4$。为简单起见，忽略 p_{b} 和 f，式 (1.6) 简化为

$$mv\frac{\mathrm{d}v}{\mathrm{d}x} = Ap(x) \tag{1.7}$$

在 x 处的子弹速度由式 (1.7) 对距离 x 积分得到。

如果驱动气室和炮管直径相同，且驱动气室的长度 (x_0) 足够大，大到足以忽略稀疏波在气室和炮管中的反射和折射 (即 $x_0 = \infty$[15])，则子弹后方的压力与子弹速度存在如下关系：

$$\frac{p}{p_0} = \left[1 - \frac{(\gamma - 1)v}{2c_0}\right]^{2\gamma/(\gamma-1)} \tag{1.8}$$

将式 (1.8) 代入式 (1.7) 得到[15, 18]

$$\frac{p_0 A L}{m c_0^2} = \frac{2}{\gamma + 1}\left\{\frac{\dfrac{2}{\gamma-1} - \dfrac{\gamma+1}{\gamma-1}\left[1 - \dfrac{v(\gamma-1)}{2c_0}\right]}{\left[1 - \dfrac{v(\gamma-1)}{2c_0}\right]^{(\gamma+1)/(\gamma-1)}} + 1\right\} \tag{1.9}$$

引入恒定驱动压力 p_0 下的子弹出膛速度，即

$$v_0 = \sqrt{2p_0 A L/m} \tag{1.10}$$

并以无量纲声速 $c_0/(\gamma v_0)$ 和无量纲速度 v/v_0 为横纵坐标作图1.1。子弹出膛速度 v/v_0 随着 $c_0/(\gamma v_0)$ 的增加而增加。由于理想气体的 γ 值变化范围很小 $(1\sim5/3)$，出膛速度实际上只能通过增加声速来提高，例如使用小分子量气体 (如氢和氦) 或提升温度。

特定的工作气体能达到的出膛速度有限，该上限对应高压气体向真空膨胀的速度，称为逃逸速度，由式 (1.11) 给出[19]

$$v_{\mathrm{esc}} = \frac{2c_0}{\gamma - 1} \tag{1.11}$$

对应 $x_0 = \infty$ 时的情况。

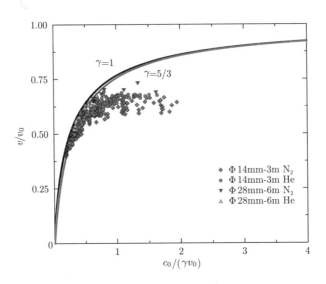

图 1.1　归一化子弹出膛速度 v/v_0 和 $c_0/(\gamma v_0)$ 的关系

实线为理论计算的速度极限；数据点为实验结果；Φ 表示气炮直径；3m 及 6m 为气炮规格

在气室长度有限的情况下，式 (1.8) 并不严格适用。假设子弹后方驱动气体的压力是空间均匀分布的，则有

$$p(V_0 + Ax)^\gamma = p_0 V_0^\gamma \tag{1.12}$$

式中，V_0 为驱动气体的初始体积。当子弹移动距离为 x 时，驱动气体膨胀 Ax。通过积分得到弹丸出膛时的速度为[17]

$$v = \left\{ \frac{2p_0 V_0}{m(\gamma - 1)} \left[1 - \left(\frac{V_0}{V_0 + AL} \right)^{\gamma - 1} \right] \right\}^{\frac{1}{2}} \tag{1.13}$$

由于 $p_0 V_0 = nRT = c_0^2 m_g/\gamma$，其中 n 为物质的量，m_g 为驱动气体的质量，式 (1.13) 可改写为

$$v = \left\{ \frac{2c_0^2}{\gamma(\gamma - 1)} \frac{m_g}{m} \left[1 - \left(\frac{V_0}{V_0 + AL} \right)^{\gamma - 1} \right] \right\}^{\frac{1}{2}} \tag{1.14}$$

对于 $V_0 = Ax_0$，

$$v = \left\{ \frac{2c_0^2}{\gamma(\gamma - 1)} \frac{m_g}{m} \left[1 - \left(\frac{x_0}{x_0 + L} \right)^{\gamma - 1} \right] \right\}^{\frac{1}{2}} \tag{1.15}$$

因此，使用轻分子量气体和更大的驱动气体与弹丸的质量比可以获得更高的 v。

对于驱动气体，考虑子弹动能以外的能量损失，引入虚质量系数 (ϕ) 以人为增加弹丸质量，即 $m \to \phi m$[20]。在内弹道学中，

$$\phi = \phi_0 + \frac{1}{3} \frac{m_g}{m} \tag{1.16}$$

ϕ_0 由实践经验确定, 此外,

$$m_{\mathrm{g}} = \frac{p_0 V_0}{RT} \mu_{\mathrm{m}} \tag{1.17}$$

式 (1.13) 可重写为

$$v = \left\{ \frac{2p_0 V_0}{\phi m(\gamma - 1)} \left[1 - \left(\frac{V_0}{V_0 + AL} \right)^{\gamma - 1} \right] \right\}^{\frac{1}{2}} \tag{1.18}$$

式 (1.18) 形式简单且较为精确, 因此广泛应用于轻气炮的设计中。

　　由于在众多场合中禁止使用火药, 因此包括一级和二级轻气炮在内的纯气体驱动炮越发普遍。二级轻气炮系统的结构如图1.2所示。它由高压气室、用于加速活塞的泵管、用于加速子弹的发射管、泵管与发射管之间的耦合段 (含带有刻痕的膜片) 和靶室组成。

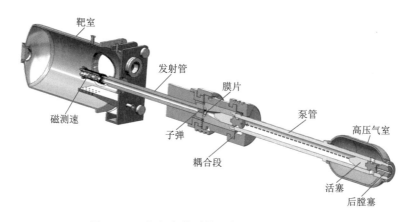

图 1.2　二级轻气炮系统示意图 (非真实比例)

　　在发射前, 通常需要将靶室和发射管的真空度抽至 50Pa 以下, 并在泵管内充入工作介质, 例如 0.02~0.4MPa 的氮气、氦气或氢气。高压气室一般填充高压氮气 (如 20MPa)。后腔采用环绕式设计: 与高压气室相连的两个入口处的高压气体为活塞提供侧向压力并使其保持静止, 发射时后腔塞冲出的气体推动活塞前进, 且侧向的高压气体使其进一步加速。泵管内的气体受到运动活塞的压缩做功并产生温升。当一级段 (泵管) 气体压力达到膜片的承受极限时, 耦合段膜片破裂。随后从泵管中冲出的高压气体产生膨胀, 加速二级段 (发射管) 中的子弹。出膛处的弹速可以用磁感应测速仪、光束遮挡系统或激光多普勒测速仪测量。子弹随后撞击靶室中的目标, 完成一次高速冲击测试。

　　氦气和氢气这类小分子量气体用于发射较高的弹速, 空气或氮气通常用于较低弹速发射。一级轻气炮是二级轻气炮的简化版本, 这两种类型轻气炮均可用于平板撞击实验和侵彻撞击实验, 其速度范围为 30~7000m·s^{-1}。一级轻气炮的最高弹速可达 1000m·s^{-1}。

1.3　动态激光多普勒测速

1.3.1　波的多普勒效应

多普勒效应指由于波源和观测者之间存在相对运动，观测者感知到波频率发生变化的现象。在实验室坐标系中，观测者感知到的频率 (f) 与波源发出的原始频率 (f_0) 之间的关系为

$$f = f_0 \frac{v \pm v_0}{v \mp v_{\mathrm{s}}} \tag{1.19}$$

式中，v 为波传播的速度；v_{s} 为波源的运动速度；v_0 为观测者的运动速度。所有的速度都是非负的，如果观察者向波源移动，v_0 前方的符号为正；反之，则 v_0 前方的符号为负。v_{s} 则恰好相反。

1.3.2　两个余弦波的叠加

对于频率为 f 的激光，其信号的光波场可表示为余弦函数，

$$E(t) = A \cos(2\pi f t + \phi) \tag{1.20}$$

式中，A 为振幅；ϕ 为相位；t 为时间。信号 1 和信号 2 相混，它们的波场相加为

$$E(t) = E_1(t) + E_2(t) \tag{1.21}$$

其叠加后的强度为

$$
\begin{aligned}
I(t) \propto E(t)^2 = & \frac{1}{2}(A_1^2 + A_2^2) + \frac{1}{2}A_1^2 \cos\big(2(2\pi f_1 t + \phi_1)\big) + \frac{1}{2}A_2^2 \cos\big(2(2\pi f_2 t + \phi_2)\big) \\
& + A_1 A_2 \cos\big(2\pi(f_1 + f_2)t + (\phi_1 + \phi_2)\big) \\
& + A_1 A_2 \cos\big(2\pi(f_2 - f_1)t + (\phi_2 - \phi_1)\big)
\end{aligned}
\tag{1.22}
$$

由式 (1.22) 可知，叠加后的信号包含四个频率的交流分量和一个直流分量，交流分量的频率分别为 $2f_1$、$2f_2$、$f_1 + f_2$ 和 $f_2 - f_1$。

激光多普勒测速方法中通常采用 1550nm 光纤激光器，该波长对应的频率为 193414GHz，远高于目前常用光电探测器的带宽 (100GHz 以下)。因此，光电探测器作为一个天然的低通滤波器，仅允许差分频率 $f_2 - f_1$ 和 DC(I_0) 分量通过。式 (1.22) 可简化为

$$I(t) = I_0 + A_1 A_2 \cos\big(2\pi(f_2 - f_1)t + (\phi_2 - \phi_1)\big) \tag{1.23}$$

光电探测器捕获源信号和观测者信号之间的差频信号，由此得到运动物体的多普勒频移和相应的速度[21]。

1.3.3　单激光器激光多普勒测速仪

对于图1.3所示的单激光器激光多普勒测速仪 (LDV) 系统，频率为 f_0 的探测激光通过光纤传输到达光纤探头，一部分被探头端面反射 [$E_1(t)$]，另一部分透射后经速度 $v(t)$ 运动样品的反光面反射为 $E_2(t)$。$E_1(t)$ 和 $E_2(t)$ 通过同一根光纤反向传播并叠加，随后

经过环行器中继到探测器。探测器滤除叠加光信号中的高频成分，并将其余部分转换为电信号，放大后记录到示波器中供后续分析[21-23]。

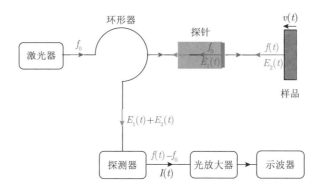

图 1.3　单激光器激光多普勒测速仪 (LDV) 的工作原理示意图

从激光源到样品，频率为 f_0 的 $E_1(t)$ 为源信号 ($v_s = 0$)，频率为 $\hat{f}(t)$ 的 $E_2(t)$ 为观测信号。波源是静止的，样品作为观察者以 $v(t)$ 的速度移动。根据式 (1.19) 得到

$$\hat{f}(t) = \frac{c + v(t)}{c} f_0 \tag{1.24}$$

式中，c 为光速。从运动的样品到静止的探测器，样品是一个运动的源，探测器是一个静止的观察者。同样根据式 (1.19)，探测器观察到的样品信号频率为

$$f(t) = \frac{c}{c - v(t)} \hat{f} = \frac{c}{c - v(t)} \cdot \frac{c + v(t)}{c} f_0 = \frac{c + v(t)}{c - v(t)} f_0 \tag{1.25}$$

由于 $c \gg v(t)$，式 (1.25) 可近似改写为

$$f(t) \approx \left(1 + \frac{2v(t)}{c}\right) f_0 \tag{1.26}$$

$$f(t) - f_0 \approx \frac{2v(t)}{c} f_0 \tag{1.27}$$

定义拍频为

$$f_b(t) \equiv f(t) - f_0 \tag{1.28}$$

则

$$v(t) = \frac{1}{2} \frac{f_b}{f_0} c \tag{1.29}$$

$f_b = 1\text{GHz}$ 时，对应的速度为

$$v_{1\text{GHz}} = 775\text{m} \cdot \text{s}^{-1} \tag{1.30}$$

根据式 (1.23)，探测器获得 $E_1(t)$ 和 $E_2(t)$ 叠加产生的差分信号，随后根据测量 $f_b(t)$ 时程曲线，通过式 (1.29) 得到物体速度的时程曲线 $v(t)$。

四通道单激光器 LDV 系统的内部结构如图1.4所示，操作时只使用主探头和波长固

定为 1550nm 的激光器 1。

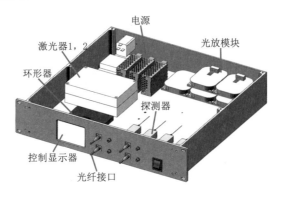

图 1.4　四通道单激光器和双激光器 LDV 系统的内部结构图

1.3.4　双激光器激光多普勒测速仪

双激光器激光多普勒测速仪 (LDV) 系统的工作原理如图1.5所示。同样，探测器感知到的样品信号 $E_2(t)$ 的频率为

$$f(t) = \left(1 + \frac{2v(t)}{c}\right) f_0 \tag{1.31}$$

将激光器 2 的信号 $E_1'(t)$ 与样品反光面的反射信号 $E_2(t)$ 叠加后，探测器可响应到的信号强度为

$$I(t) = I_0 + A_1' A_2 \cos\left(2\pi(f(t) - f_0')t + (\phi_2 - \phi_1')\right) \tag{1.32}$$

探测器测得信号的频率为 $f_b'(t) = f(t) - f_0'$，且

$$f_b'(t) = \frac{2v(t)f_0}{c} + (f_0 - f_0') \tag{1.33}$$

对于 $f_0 < f_0'$ 的情况，式 (1.33) 可以改写为

$$-f_b'(t) = -\frac{2v(t)f_0}{c} + (f_0' - f_0) \tag{1.34}$$

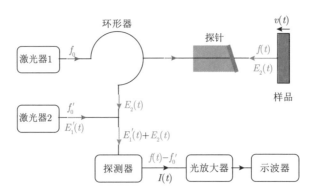

图 1.5　双激光器 LDV 的工作原理示意图

双激光器 LDV 的特点是它能够提高或降低 $I(t)$ 时程曲线中傅里叶谱的基线。提高频率基线 $(f_0 > f_0')$，可以在较小的速度 v 下获得更好的信噪比，有助于解析如 Hugoniot(于戈尼奥) 弹性极限等低速特征。另一方面，降低频率基线 $(f_0 < f_0')$ 可提高特定探测器/示波器的测速极限 (最多为 2 倍)[24]。

四通道双激光器 LDV 系统的仪器布局如图1.4所示。工作中使用固定波长 (1550nm) 的激光器 1 和频率可调的激光器 2，激光器 2 的波长调整范围为 $1530 \sim 1570$nm。

1.3.5　LDV 时程曲线数据分析

LDV 的测量数据通常采用短时傅里叶变换 (STFT) 进行分析。STFT 将示波器电压信号转换为时间分辨的频谱数据，通过后续处理进一步转换为速度历史。STFT 的基本假设是信号的频率在窗口函数指定的时间段内近似平稳。

对于原始信号 $s(t)$，它的 STFT 可写成

$$S(\bar{t}, f) = \int_{-\infty}^{\infty} s(t)w(t - \bar{t})\mathrm{e}^{-2\pi i f t}\mathrm{d}t \tag{1.35}$$

式中，$w(t)$ 为以 $\bar{t}$ 时刻为中心的窗口函数；f 为频率。移动分析窗口截取时间信号切片，随后进行傅里叶变换，获得该时刻的频谱 $S(\bar{t}, f)$。常见的窗口函数有 Hanning(汉宁) 窗、Hamming(汉明) 窗和 Gaussian(高斯) 窗等。

频率分辨率 Δf(正比于速度分辨率) 和时间分辨率 Δt 遵从测不准原理，即

$$\Delta f \Delta t \geqslant \mathrm{constant} \tag{1.36}$$

该不等式表明，需对频率 (速度) 分辨率和时间分辨率进行取舍。例如，较短的时间窗口会导致较高的时间分辨率和较低的速度分辨率。频率的误差 δf 取决于信噪比 (SNR)、采样率 (f_s) 和 STFT 窗口宽度 (τ_w)[25,26]，即

$$\delta f \propto \mathrm{SNR}^{-1} f_s^{-\frac{1}{2}} \tau_w^{-\frac{3}{2}} \tag{1.37}$$

更高的频率 (速度) 分辨率可以通过提高信噪比和采样率，或通过采用更宽的分析窗口实现。

单激光器和双激光器 LDV 测量的数据处理示例如图1.6～图1.8所示。对于单激光器 LDV，原始电压信号 $s(t)$ [图1.6(a)] 经过 STFT 处理，得到基线为零频率的傅里叶变换

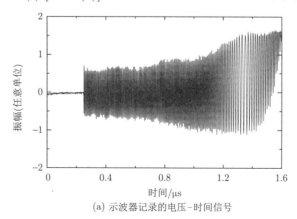

(a) 示波器记录的电压–时间信号

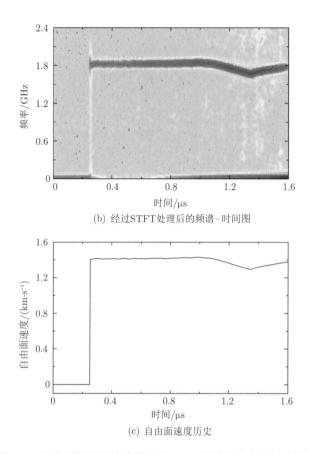

(b) 经过STFT处理后的频谱–时间图

(c) 自由面速度历史

图 1.6　高纯无氧铜通过单激光器 LDV 测量的自由面速度历史

谱 [图1.6(b)]。在给定的时刻，解析出强度最高的频率并根据 $v_{1\mathrm{GHz}} = 775\mathrm{m\cdot s^{-1}}$ 倍数关系转换为速度 [图1.6(c)]。对于双激光器 LDV，如式 (1.33) 所示，频率基线可以向上移动 (图1.7) 或向下移动 (图1.8)。将频谱图转换为速度剖面，但需要进行基线偏移校正。对于基线向下偏移的情况，基线校正后，速度需要进行反号处理，如式 (1.34) 和图1.8(d) 所示。

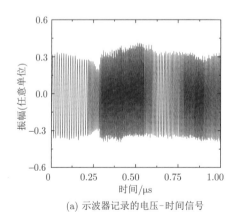

(a) 示波器记录的电压–时间信号

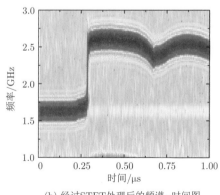

(b) 经过STFT处理后的频谱–时间图

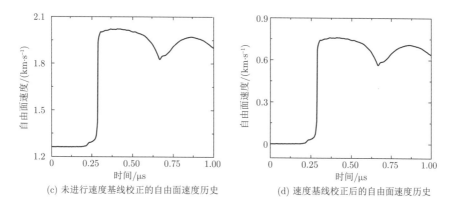

(c) 未进行速度基线校正的自由面速度历史　　　　(d) 速度基线校正后的自由面速度历史

图 1.7　高熵合金 $Al_{0.1}CrFeCoNi$ 通过双激光器 LDV 测量的自由面速度历史

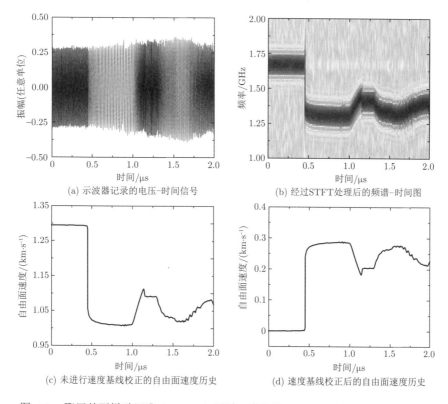

(a) 示波器记录的电压–时间信号　　　　(b) 经过STFT处理后的频谱–时间图

(c) 未进行速度基线校正的自由面速度历史　　　　(d) 速度基线校正后的自由面速度历史

图 1.8　聚甲基丙烯酸甲酯 (PMMA) 通过双激光器 LDV 测量的自由面速度历史

1.4　冲击绝热线测量

冲击绝热线 Hugoniot 的绝对测量方法指在单次实验中同时测量至少两个 Hugoniot 状态量的方法，最常见的形式为冲击波速和冲击态粒子速度。该方法不需要引入额外假定，根据动量守恒方程及碰撞条件即可确定冲击态的应力、密度、冲击波速和粒子速度等物理量[27,28]。本节中速度量较多，除非特别说明，否则均为相对待测样品初始静止的坐标系下的速度量。

1.4.1 对称碰撞台阶法

对称碰撞指飞片与基板和待测样品的材料属性完全相同，根据对称性原理，飞片击靶后在飞片和基板/样品中产生的冲击压缩状态完全相同。

在平板撞击实验中，靶板通常静止，飞片以速度 u_f 向右运动 [图1.9(a)]。在相对实验室参考系 S 以速度 $\frac{1}{2}u_f$ 匀速运动的坐标系 S' 中，飞片和靶板初始分别以 $\frac{1}{2}u_f$ 和 $-\frac{1}{2}u_f$ 的速度相对运动 [图1.9(b)]。当两者发生碰撞时 [图1.9(c)]，碰撞面在参考系 S' 中保持静止，并在飞片和靶板中产生反向传播的冲击波，这两个冲击波波速 (u_s') 的幅值相同，冲击波后的粒子速度 $u_p' = 0$。在参考系 S 中，观察者测量到的粒子速度 $u_p = \frac{1}{2}u_f$。

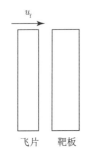

(a) 实验室参考系下速度为 u_f 的飞片撞击静止的靶板

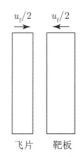

(b) 速度为 $\frac{1}{2}u_f$ 参考系下碰撞前的飞片及靶板速度

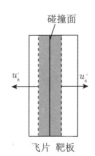

(c) 碰撞后飞片及靶板中的冲击波传播

图 1.9　平板对称碰撞示意图

对称碰撞 Hugoniot 实验中，飞片、基板、样品均采用同样的待测材料，根据飞片速度可获得冲击态粒子速度，避免对其进行额外测量。飞片速度的测量方法现今较为成熟，如磁测速系统、光束遮挡法、激光测速系统、高速摄影等。

非透明材料的冲击波速 u_s(书中 u_s 表示欧拉波速，除非特别说明) 通常采用台阶法 [图1.10(a)] 测量，利用基板后自由面记录的速度信号确定冲击波到达样品前界面的时刻，借助样品后自由面的光探针信号获取冲击波到达样品后界面的时刻，通过速度的定义计算拉格朗日波速 u_s^L：

$$u_s^L = \frac{h}{\Delta t} \tag{1.38}$$

式中，h 为样品的初始厚度；Δt 为冲击波在样品内的传播时间。对于透明样品 [图1.10(b)]，可在样品前界面镀反光膜以反射 LDV 的信号光，样品前界面和后自由面的速度历史可通过同一根光探针探测，不需要基板等额外的靶结构装置。

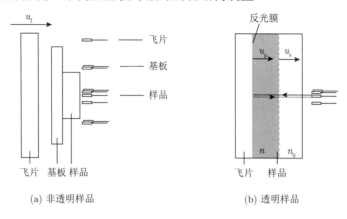

(a) 非透明样品　　　　　　　　　　　　　(b) 透明样品

图 1.10　冲击绝热线 Hugoniot 实验装置示意图

目前的轻气炮加载中，飞片不可避免带有一定的倾斜角 (ϕ)。通过对气炮系统进行严格矫正和对飞片面型进行严格把控，可显著降低 ϕ，但仍只能控制在 1~3mrad[①]。低速撞击时，小的飞片倾斜角也可能导致严重的波阵面倾斜，如图1.11(a) 所示。在真实实验中，实际测到的后自由面不同位置的速度起跳时刻 (冲击波到达时刻) 并不相同 [图1.11(b)]，利用样品自由面起跳时刻的拟合参数及 u_f 可以计算得到 ϕ，进而对冲击波波速进行如下修正：

$$\theta = \frac{u_s^L}{u_f}\phi \tag{1.39}$$

$$u_s^L = \frac{h}{\Delta t}\cos\theta \tag{1.40}$$

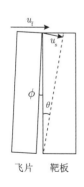

(a) 倾斜碰撞示意图

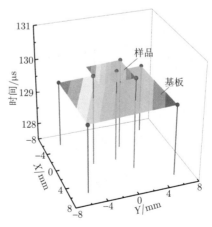

(b) 高纯无氧铜的冲击绝热线Hugoniot实验中的冲击波阵面拟合

图 1.11　碰撞倾斜示意图

① 1mrad=0.001rad。

当波结构为单波时，欧拉波速与拉格朗日波速相等。当材料具有双波结构时，其欧拉波速可通过变换得到[29]：

$$u_{s_1} = u_{s_1}^{L} \qquad (1.41)$$

$$u_{s_2} = \frac{\rho_0}{\rho_1} u_{s_2}^{L} + u_{p_1} \qquad (1.42)$$

式中，下标 1 和 2 分别表示第一个冲击波和第二个冲击波；u_{s_1} 和 u_{s_2} 分别为两个冲击波波速；ρ_0 和 ρ_1 分别为初始密度和第一个冲击态密度；u_{p_1} 为第一个冲击态粒子速度。

1.4.2 冲击阻抗匹配法

在实际测量中，往往会出现样品数量稀少、材料加工难度大或材料不适合作为飞片 (如易碎导致难以完整发射) 的情况，这些因素均会使对称碰撞难以进行。冲击阻抗匹配法利用冲击绝热线已知的标准材料作为飞片或基板，与对称碰撞法不同，样品冲击态粒子速度通过阻抗匹配获得。冲击阻抗定义为介质初始密度与冲击波速的乘积 ($\rho_0 u_s$)。阻抗匹配法的实验几何如图 1.12 所示，分为第一类阻抗匹配法和第二类阻抗匹配法，两种方法中的飞片均为冲击绝热线已知的标准材料，前者的基板和样品均为待测材料，后者的基板为标准材料，只有样品为待测材料。

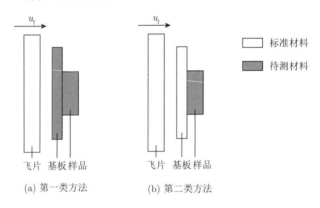

(a) 第一类方法　　　(b) 第二类方法

图 1.12　冲击阻抗匹配法测量冲击绝热线实验装置示意图

冲击阻抗匹配法[30] 中冲击波速 (u_s) 的测量方法同 1.4.1 节一致，不同点在于非对称碰撞情况下冲击态粒子速度的获取。下面介绍 σ-u 图解法，此处 σ 和 u 分别表示应力和粒子速度。

图 1.13(a) 给出了第一类阻抗匹配法的原理。标准材料飞片以速度 u_f 撞击基板。碰撞后标准材料飞片的冲击绝热状态线用曲线 CAD 表示，其与初始静止标准材料的冲击绝热线 OAB 呈镜像对称，基板和待测样品的冲击压缩状态位于直线 OE 上，OE 的斜率为待测材料阻抗 $\rho_0^t u_s$，其中 ρ_0^t 为待测样品初始密度。交点 E 为碰撞后的阻抗匹配状态 (σ_H-u_p)[31]。样品的冲击态粒子速度为 u_p，右行冲击波速为 u_s。飞片材料冲击态在飞片参考系 (以恒定速度 u_f 向右运动) 中更好理解。在飞片参考系中，碰撞前飞片粒子速度为 0，碰撞后飞片粒子速度为 $u_f - u_p$。碰撞后飞片和样品中冲击态压力分

别为

$$\sigma_{\mathrm{H}}^{\mathrm{f}} = \rho_0^{\mathrm{f}}[C_0^{\mathrm{f}} + s^{\mathrm{f}}(u_{\mathrm{f}} - u_{\mathrm{p}})](u_{\mathrm{f}} - u_{\mathrm{p}}) \tag{1.43}$$

$$\sigma_{\mathrm{H}}^{\mathrm{t}} = \rho_0^{\mathrm{t}} u_{\mathrm{s}} u_{\mathrm{p}} \tag{1.44}$$

式中, 上标 f 和 t 分别代表飞片和待测样品; σ_{H} 为冲击态应力; C_0 和 s^{f} 为飞片标准材料的 Hugoniot 参数。利用 $\sigma_{\mathrm{H}} = \sigma_{\mathrm{H}}^{\mathrm{f}} = \sigma_{\mathrm{H}}^{\mathrm{t}}$, 将式 (1.43) 和式 (1.44) 联合, 获得待测样品的粒子速度 u_{p}。

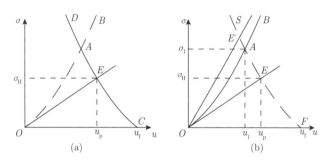

图 1.13　阻抗匹配法测量冲击绝热线的 $\sigma - u$ 图分析

第二类阻抗匹配法分析如图1.13(b) 所示, 曲线 OAB 表示基板标准材料的冲击绝热线, A 点 (σ_1, u_1) 为碰撞后基板和飞片共同的冲击压缩状态。曲线 SAE 或 $SE'A$ 表示经过 A 点的飞片材料等熵卸载线或二次冲击绝热线, 直线 OE 或 OE' 的斜率为待测材料阻抗 $\rho_0^{\mathrm{t}} u_{\mathrm{s}}$, 待测样品的冲击状态为 E 或 E'。标准材料的等熵卸载线或二次冲击绝热线与 OE 或 OE' 的交点是待测样品材料的冲击 Hugoniot 状态。

一般情况下, 基板材料在特定冲击加载态的等熵卸载线或二次冲击绝热线是未知的, 因此需采用近似求解方法。将其冲击绝热线 OAB 在 A 点的镜像线近似成等熵卸载线或二次冲击绝热线 SAF, 其后解法与第一类阻抗匹配法一致, 此方法称为镜像近似法。使用镜像近似法的前提是待测材料与标准材料的阻抗差别较小。因此, 第一类阻抗匹配法是严格的 (不涉及镜像近似等假定), 而第二类阻抗匹配法得到的是近似值。

1.4.3　反碰法

反碰法是另一种测量冲击绝热线的常用方法。图1.14为用反碰法的实验装置示意图, 待测材料为 PEEK(聚醚醚酮)。用 PEEK 作为飞片撞击标准光学窗口 PMMA(聚甲基丙烯酸甲酯)。在飞片的碰撞面和光学窗口的部分碰撞面镀反光膜, 使光探针在同一发实验中同时测量飞片速度 (u_{f}) 和光学窗口的粒子速度 (u_{p})。书中采用四通道 (或更多通道)LDV 系统获取碰撞面和窗口后自由面的速度信息 (图1.14)。除中心光纤外, 三个光纤探头均匀分布在中心探头周围 (半径 3mm 的圆周上)。

考虑折射率的影响, 需对 PMMA 碰撞面的表观粒子速度 u_{a} 进行修正。PMMA 真实粒子速度 $u_{\mathrm{p}}^{\mathrm{t}}$ 与表观粒子速度 u_{a} 的关系为 $u_{\mathrm{p}}^{\mathrm{t}} = k u_{\mathrm{a}}$, $k = 0.9936$[32,33]。在飞片参考系下, PEEK 飞片的等效冲击态粒子速度 $u_{\mathrm{p}}^{\mathrm{f}} = u_{\mathrm{f}} - u_{\mathrm{p}}^{\mathrm{t}}$。PMMA 靶板的冲击波速 $u_{\mathrm{s}}^{\mathrm{t}}$ 可通过冲击波在 PMMA 窗口中的走时得到: $u_{\mathrm{s}}^{\mathrm{t}} = h_{\mathrm{t}}/\Delta t_2$, h_{t} 为 PMMA 靶板厚度 (图1.15)。

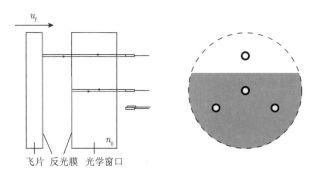

图 1.14　反碰法冲击绝热线测量的实验装置示意图

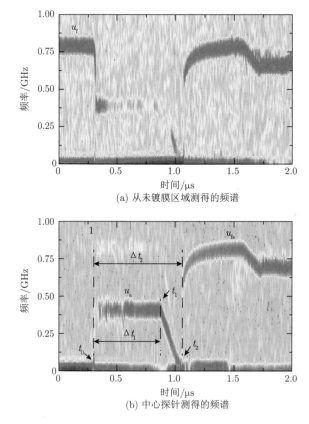

(a) 从未镀膜区域测得的频谱

(b) 中心探针测得的频谱

图 1.15　典型反碰法实验测量的频谱图

u_{a}. 表观粒子速度；u_{fs}. 自由面速度

对于单波结构的飞片，给定 PEEK 的初始密度 (ρ_0^{f}) 和 PMMA 的初始密度 (ρ_0^{t})，通过阻抗匹配[30] 即可获得飞片参考系下 PEEK 飞片的冲击波速 $u_{\mathrm{s}}^{\mathrm{f}}$：

$$u_{\mathrm{s}}^{\mathrm{f}} = \frac{\rho_0^{\mathrm{t}} u_{\mathrm{s}}^{\mathrm{t}} u_{\mathrm{p}}^{\mathrm{t}}}{\rho_0^{\mathrm{f}} u_{\mathrm{p}}^{\mathrm{f}}} \tag{1.45}$$

PEEK 的冲击压缩态应力为[30,34]

$$\sigma_{\mathrm{H}}^{\mathrm{f}} = \rho_0^{\mathrm{f}} u_{\mathrm{s}}^{\mathrm{f}} u_{\mathrm{p}}^{\mathrm{f}} \tag{1.46}$$

对应的体应变为

$$\varepsilon_{\mathrm{H}}^{\mathrm{f}} = 1 - \frac{V_{\mathrm{H}}^{\mathrm{f}}}{V_0^{\mathrm{f}}} = \frac{u_{\mathrm{p}}^{\mathrm{f}}}{u_{\mathrm{s}}^{\mathrm{f}}} \tag{1.47}$$

式中，V_0^{f} 和 $V_{\mathrm{H}}^{\mathrm{f}}$ 分别为飞片在初始状态和冲击态的比体积。除非另有说明，在后续的讨论中省略上标 f。为方便后续数据分析整理，定义归一化比容 $\tilde{V} = V_{\mathrm{H}}/V_0$。

研究发现，绝大多数材料 u_{s}-u_{p} 关系可通过一次或二次多项式的形式描述：

$$u_{\mathrm{s}} = C_0 + s_1 u_{\mathrm{p}} + s_2 u_{\mathrm{p}}^2 \tag{1.48}$$

峰值冲击应力 σ_{H} 可写成冲击态体积应变 ε_{H} 的函数。当 $s_2 = 0$ 时，解析式为

$$\sigma_{\mathrm{H}} = \frac{\rho_0 C_0^2 \varepsilon_{\mathrm{H}}}{\left(1 - s_1 \varepsilon_{\mathrm{H}}\right)^2} \tag{1.49}$$

在反碰法实验中，在飞片–窗口厚度比设计得当的前提下，还可实现冲击态声速的测量。PEEK 飞片的冲击态拉格朗日声速为

$$C^{\mathrm{f}} = \left(\frac{\Delta t_1}{h_{\mathrm{f}}} - \frac{1}{u_{\mathrm{s}}^{\mathrm{f}}}\right)^{-1} \tag{1.50}$$

式中，h_{f} 为飞片厚度；Δt_1 为飞片卸载波传到碰撞面和碰撞开始的时间差。

1.4.4 　混合法

冲击绝热线 Hugoniot 冲击波速 (u_{s}) 和粒子速度 (u_{p}) 的关系，对于冲击压缩下的冲击应力计算和数值模拟至关重要。金属材料的 u_{s}-u_{p} 关系一般可当作线性关系考虑：

$$u_{\mathrm{s}} = C_0 + s u_{\mathrm{p}} \tag{1.51}$$

Hugoniot 参数 C_0 和 s 可采用忽略孔隙率的混合力学方法计算。混合法中，C_0 和 λ 的计算公式如下：

$$C_0 = \sum m_i C_{0i} \tag{1.52}$$

$$\lambda = \sum m_i \lambda_i \tag{1.53}$$

式中，m_i 为第 i 个元素的质量分数。通过混合法计算得到的 $Al_{0.1}CrFeCoNi$ HEA 结果与实验测量值差别小于 7%[35]。在无法获得 Hugoniot 实验数据的情况下，混合法是计算复杂成分材料 Hugoniot 参数的有效方法，具有一定精度。

1.5 　层裂实验

图1.16展示了分子动力学模拟给出的平板撞击位置–时间 (x-t) 密度云图，粒子速度为 $u_{\mathrm{p}} = 0.7\,\mathrm{km \cdot s^{-1}}$。撞击产生的冲击波分别向样品和飞片中传播，并在各自的自由面反射成反向传播的卸载 (稀疏) 扇形波。当这两个扇形波相遇时，它们的相互作用引起压力

卸载，随后生成不断发展的拉伸区域。当冲击加载足够强，以至于拉伸应力大于材料断裂强度极限时，便在该拉伸区域产生层裂。在层裂的早期阶段，样品中会同时出现多个层裂区域，其中一部分发展成完整的层裂面 (图1.16中的黑色箭头)，其余部分 (图1.16中的白色箭头) 则被其他层裂区域产生的再压缩波湮灭。再压缩 (冲击) 波随后在层裂片中来回反射。冲击、卸载、拉伸、层裂和再压缩阶段如图1.16所示。

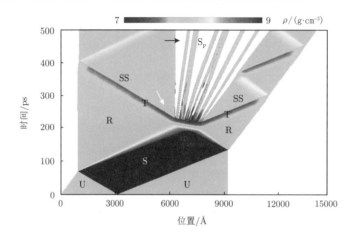

图 1.16　　分子动力学模拟飞片-靶板平板撞击的位置-时间 $(x\text{-}t)$ 云图

U. 无冲击区；S. 冲击压缩；R. 卸载；T. 拉伸；Sp. 层裂；SS. 层裂引起的再压缩；碰撞速度为 1.4km·s^{-1}；不同颜色表示不同密度；初始系统尺寸为 $(9300 \times 100 \times 100)\text{Å}^3$，整个系统约 1 亿个原子；初始飞片与靶板厚度比为 $1:2$

实验中难以直接测得样品内部的应力，通常得到的是自由面速度时程曲线 $u_{\text{fs}}(t)$。图1.17展示了两条分子动力学模拟的典型自由面速度时程曲线，分别对应发生层裂 ($u_{\text{p}} = 0.7\text{km·s}^{-1}$) 和未发生层裂 ($u_{\text{p}} = 0.15\text{km·s}^{-1}$) 的情况。冲击波在 t_1 时刻到达样品后自由

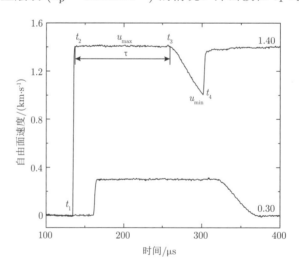

图 1.17　　分子动力学模拟不同冲击速度下液体铜层裂的自由面速度历史

曲线上数字表示飞片速度 u_{f}，单位为 km·s^{-1}

面，产生卸载波，并将自由面加速到大约两倍的粒子速度 (t_2)。当来自飞片自由面的卸载波到达样品后自由面时 (t_3) 自由面速度开始减小。将 t_3 与 t_2 的差值定义为冲击过程的压缩脉冲时间宽度 (τ)，即 $\tau = t_3 - t_2$。当层裂发生时 $(u_p = 0.7\text{km}\cdot\text{s}^{-1})$，再压缩波产生并向样品后自由面传播，引起自由面速度回跳 (t_4)。对于 $u_p = 0.15\text{km}\cdot\text{s}^{-1}$ 的情况，因为拉伸应力较低，不足以产生层裂，因此未出现回跳信号。定义自由面速度差为

$$\Delta u = u_{\max} - u_{\min} \tag{1.54}$$

$u_{\max}$ 和 $u_{\min}$ 的定义如图1.17所示。

声学近似[36,37] 假定冲击波和卸载波的强度很低，因而它们的波速可以近似为初始状态的声速。我们用描述两个卸载波相互作用的运动方程来计算样品内应力的时间依赖性。在拉格朗日坐标系下，动量守恒方程可以表示为

$$\frac{\partial u}{\partial t} + \frac{1}{\rho_0}\frac{\partial \sigma}{\partial h} = 0 \tag{1.55}$$

式中，h 为拉格朗日坐标；u 为粒子速度；σ 为应力；ρ_0 为初始密度。在声学近似下，对于沿相反方向传播的两个波，波传播方程的通解由下式给出：

$$\sigma(h,t) = f_1\left(\frac{h}{C} + t\right) + f_2\left(\frac{h}{C} - t\right) \tag{1.56}$$

式中，C 为声速且假设是常数；f_1 和 f_2 为两个函数。设 $h = 0$ 表示样品自由面，给定边界条件 $\sigma(0, t) = 0$，可从式 (1.56) 中得到样品中的应力

$$\sigma(h,t) = -\frac{1}{2}\rho_0 C\left[u_{\text{fs}}\left(\frac{h}{C} + t\right) - u_{\text{fs}}\left(-\frac{h}{C} + t\right)\right] \tag{1.57}$$

在声学近似下，层裂发生时刻 t_{spall} 是冲击波到达时刻 (t_2) 和回跳时刻 (t_4) 的平均值 $(t_2$ 和 t_4 如图 1.17 所示)，即

$$t_{\text{spall}} = \frac{1}{2}(t_2 + t_4) \tag{1.58}$$

层裂面的空间坐标可从卸载波在此期间传播的距离得到：

$$h_{\text{spall}} = \frac{1}{2}C(t_4 - t_2) \tag{1.59}$$

将式 (1.58) 和式 (1.59) 代入式 (1.57)，计算出层裂强度为

$$\sigma_{\text{sp}} = \frac{1}{2}\rho_0 C\Delta u \tag{1.60}$$

此为从自由面速度历史推导层裂强度的声学方法。

式 (1.60) 也可由应力-粒子速度 (σ-u) 图推导[29,38]。图1.18展示了样品物质微元在冲击压缩、卸载和拉伸过程中的应力状态和粒子速度的变化。图1.18中的横轴 (即 $\sigma = 0$ 线) 是自由面的潜在状态线。在实验或模拟中，层裂面更靠近样品自由面，距离飞片自由面更远，在这种情况下，右行卸载波比左行卸载波宽得多。因此，层裂由左行卸载波的波尾与右行卸载波相互作用产生。在没有弹塑性变形的情况下 [图1.18(a)]，冲击压缩波将样品加载到冲击态 (OA 段)，样品自由面产生的左行卸载波将试样卸载到零压和 $u_{\max}$ (AB

段)，飞片自由面产生的右行卸载波与左行卸载波作用产生不断增加的拉应力 (BC 段)。层裂发生后 (C 点)，右行卸载波被层裂面阻挡，因而样品自由面速度只能减速到 $u_{\min}$ (D 点)。斜率的绝对值等于声学阻抗 $\rho_0 c$，因而层裂强度 $\sigma_{\rm sp}$ 可计算为 $\frac{1}{2}\Delta u$ 与斜率 $\rho_0 c$ 的乘积。

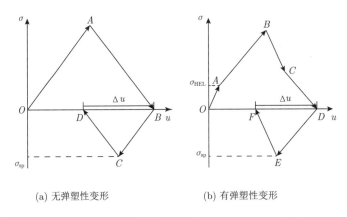

(a) 无弹塑性变形　　　　　　　　　　(b) 有弹塑性变形

图 1.18　冲击层裂过程应力-粒子速度 (σ-u) 示意图

若考虑弹塑性响应 [图1.18(b)]，冲击压缩应力达到 Hugoniot 弹性极限 (HEL) 之前材料变形为弹性，在 HEL 以上材料发生塑性变形。初始弹性部分 (OA 段) 和塑性部分 (AB 段) 的斜率分别为 $\rho_0 C_{\rm L}$ 和 $\rho_A C_{\rm B}$。随后的卸载过程也经历了弹性 (BC 段)——塑性 (CD 段和 DE 段) 的转变。弹性卸载部分 (BC 段) 的幅值等于 OA 段的两倍。层裂后的再加载属于弹性压缩加载，因而 EF 段的斜率等于 $\rho_0 C_{\rm L}$。在该情况下，式 (1.60) 变为[38]

$$\sigma_{\rm sp} = \rho_0 C_{\rm L} \Delta u \frac{1}{1 + C_{\rm L}/C_{\rm B}} \tag{1.61}$$

层裂导致的脉冲为压缩波，它以纵波声速向前方介质传播，而其前方的塑性卸载波则以体波声速传播 (图1.19)，因此层裂产生的压缩波会随着传播的进行不断超过前方的卸载波，使测到的 $u_{\min}$ 高于式 (1.60) 中计算层裂强度时应该使用的值 (图1.19)。因而需要考虑层裂片厚度，以修正层裂强度，其计算公式修正为

$$\sigma_{\rm sp} \approx \frac{1}{2}\rho_0 C_{\rm B}(\Delta u + \delta) \tag{1.62}$$

式中，δ 为考虑材料弹塑性响应和上述波传播效应的修正项：

$$\delta \approx \left(\frac{h_{\rm s}}{C_{\rm B}} - \frac{h_{\rm s}}{C_{\rm L}}\right)\frac{\dot{u}_1 \dot{u}_2}{\dot{u}_1 + \dot{u}_2} \tag{1.63}$$

$$\dot{u}_1 = -\left.\frac{{\rm d}u_{\rm fs}(t)}{{\rm d}t}\right|_{\rm release} \tag{1.64}$$

$$\dot{u}_2 = \left.\frac{{\rm d}u_{\rm fs}(t)}{{\rm d}t}\right|_{\rm pullback} \tag{1.65}$$

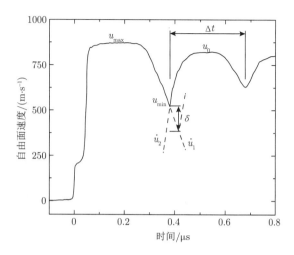

图 1.19　Ti-6Al-4V 层裂实验的自由面速度时程曲线

式中，h_s 为层裂片厚度；$\dot{u}_1$ 和 $\dot{u}_2$ 分别为层裂回跳点前、层裂回跳点后的速度斜率，在后续实验数据参数的输出中用 a_r 表示 $\dot{u}_2$，意为回跳加速度。h_s 可通过回收样扫描电镜或金相显微镜剖面图获取，但该方法依赖于样品回收状况和显微分析。在有些情况下，通过自由面速度历史也可计算层裂片厚度：

$$h_s = C_L \Delta t \tag{1.66}$$

式中，Δt 为层裂发生后自由面速度的震荡周期。对于初始层裂，u_0 接近于 $u_{\min}$，震荡的周期性不明确，Δt 的获取难度大，建议从回收样剖面图中标定 h_s。

卸载稀疏波相互作用产生的拉伸应变率可通过自由面速度近似计算[34,39] 为

$$\dot{\varepsilon} \approx \frac{\dot{u}_1}{2C_B} \tag{1.67}$$

层裂信号后的回跳速率 $\dot{u}_2$ 或回跳加速度 a_r 反映了层裂过程中的断裂速率[40]，间接反映了孔洞的成核、贯穿以及裂纹扩展的速率。

以上层裂强度的计算公式均涉及假设。另一种可能的方法是建立实验数据强约束的本构模型和精确的状态方程 (EOS)，以实验自由面速度曲线为标的，通过高保真数值迭代仿真获取材料内部应力演化历史，从而得到层裂强度。为方便计算，本书在第 2~6 章数据表格中报告的数值皆采用公式 (1.61) 计算。

1.6　误　差　分　析

误差分析和不确定度计算对于物理实验不可或缺。实验前的实验设计、实验过程中的质量管控、实验完成后的数据处理和结果验证均离不开误差分析。本节主要对实验数据中间接测量数据的误差分析做必要说明。

1.6.1　测量误差

测量误差产生于实验和测量的全过程，产生误差的原因包括但不限于测量仪器、测量方法、测量环境以及测量者的主观因素。针对测量误差进行分析，并尽可能消除其影响是物理实验中必不可少的内容。

被测物理量的客观大小为真值，实验测量结果与真值的差为测量误差。真值一般不可知，在计算测量误差时通常用约定真值代替真值。单次测量中直接将测量结果当成约定真值，多次测量中将算术平均值当成约定真值[41]。不确定度指由测量误差导致的测量值不能被肯定的程度，反映了测量结果的可信程度。下文的不确定度主要依据《测量不确定度评定和表示》(GB/T 27418—2017) 和 *Guide to the Expression of Uncertainty in Measurement*[42] 书中所述方法。

为避免重复定义，本书中的不确定度用 U 表示。得益于高精度的测量手段，样品厚度、密度等直接测量参数的重复性较高。其他实验量较多为单次测量，在本书的误差分析中忽略其 A 类不确定度，只考虑 B 类不确定度[42-44] 带来的影响 (如螺旋测微器的固有误差、液体表面张力影响等)。

1.6.2　实验数据不确定度计算

直接测量的不确定度由测量仪器直接给出，间接测量的不确定度采用方和根的合成公式计算。

本书中使用螺旋测微器测量样品厚度，螺旋测微器的测量不确定度为 1μm。冲击绝热线 Hugoniot 实验中，时间差 Δt 的不确定度依赖于短时傅里叶变换参数和波到达时刻的解读，为 2.1ns。常温常压下材料密度根据阿基米德原理使用电子天平测得，其误差在万分之一左右，因此在后续不确定度分析中不考虑密度误差。纵波声速和横波声速的测量方法在 1.1.7 节有详细介绍，被测样品厚度为 2.000~3.000mm 时，其不确定度为 2~3m·s^{-1}。

弹速 u_{f} 可以通过 LDV 或磁测速测量，这两种测量方法的不确定度为

$$U_{u_{\mathrm{f}}} = \begin{cases} u_{\mathrm{f}} \cdot 0.2\% & \text{(LDV)} \\ u_{\mathrm{f}} \cdot 0.5\% & \text{(磁测速)} \end{cases} \tag{1.68}$$

冲击波速 u_{s} 的计算方法参照式 (1.40) 和式 (1.45)，其对应的不确定度通过如下公式计算：

$$u_{\mathrm{s}} = \begin{cases} \dfrac{h}{\Delta t} \cos\theta & \text{(台阶法)} \\ \dfrac{\rho_0^{\mathrm{t}} u_{\mathrm{s}}^{\mathrm{t}} u_{\mathrm{p}}^{\mathrm{t}}}{\rho_0^{\mathrm{f}} u_{\mathrm{p}}^{\mathrm{f}}} & \text{(反碰法)} \end{cases} \tag{1.69}$$

$$U_{u_{\mathrm{s}}} = \begin{cases} \sqrt{\left(\dfrac{U_h}{h}\right)^2 + \left(\dfrac{U_{\Delta t}}{\Delta t}\right)^2} \cdot u_{\mathrm{s}} & \text{(台阶法)} \\ \sqrt{\left(\dfrac{U_h}{h}\right)^2 + \left(\dfrac{U_{\Delta t}}{\Delta t}\right)^2 + \left(\dfrac{U_{u_{\mathrm{p}}^{\mathrm{t}}}}{u_{\mathrm{p}}^{\mathrm{t}}} + \dfrac{U_{u_{\mathrm{p}}^{\mathrm{t}}}}{u_{\mathrm{f}} - u_{\mathrm{p}}^{\mathrm{t}}}\right)^2 + \left(\dfrac{U_{u_{\mathrm{f}}}}{u_{\mathrm{f}} - u_{\mathrm{p}}^{\mathrm{t}}}\right)^2} \cdot u_{\mathrm{s}} & \text{(反碰法)} \end{cases} \tag{1.70}$$

式中，$U_h = 1\mu m$；$U_{\Delta t} = 2.1ns$。反碰法靶板中，$U_{u_p^t}$ 为粒子速度的不确定度，$U_{u_p^t} = kU_{u_a} = ku_a \cdot 0.2\%$。

对称碰撞情况下，粒子速度 u_p 的不确定度为

$$U_{u_p} = \frac{1}{2}U_{u_f} \tag{1.71}$$

阻抗匹配法中，粒子速度和不确定度为

$$u_p = \frac{-B + \sqrt{B^2 - 4AC}}{2A} \tag{1.72}$$

$$U_{u_p} = \sqrt{\left(\frac{\partial u_p}{\partial B}\frac{\partial B}{\partial u_s}\right)^2 U_{u_s}^2 + \left(\frac{\partial u_p}{\partial B}\frac{\partial B}{\partial u_f} + \frac{\partial u_p}{\partial C}\frac{\partial C}{\partial u_f}\right)^2 U_{u_f}^2} \tag{1.73}$$

式中，$A = \rho_0^f s^f$；$B = -2\rho_0^f s^f u_f - \rho_0^f C_0^f - \rho_0^t u_s$；$C = \rho_0^f C_0^f u_f + \rho_0^f s^f u_f^2$。其中，$C_0$ 和 s 为飞片材料的 Hugoniot 参数；u_s 为样品中的冲击波速。

峰值冲击应力 σ_H 及其不确定度 U_{σ_H} 为

$$\sigma_H = \rho_0 u_s u_p \tag{1.74}$$

$$U_{\sigma_H} = \sqrt{\left(\frac{U_{u_s}}{u_s}\right)^2 + \left(\frac{U_{u_p}}{u_p}\right)^2} \cdot \sigma_H \tag{1.75}$$

式 (1.74) 和式 (1.75) 适用于反碰法、对称碰撞等 u_s 和 u_p 独立测量的情况。对于已知状态方程的材料，其对称碰撞实验中峰值应力和其不确定度分别为

$$\sigma_H = \rho_0(C_0 + su_p)u_p \tag{1.76}$$

$$U_{\sigma_H} = \rho_0(C_0 + 2su)U_{u_p} \tag{1.77}$$

冲击态密度 ρ_H 及其不确定度分别为

$$\rho_H = \rho_0\frac{u_s}{u_s - u_p} \tag{1.78}$$

$$U_{\rho_H} = \sqrt{\left(\frac{U_{u_s}}{u_s} + \frac{U_{u_s}}{u_s - u_p}\right)^2 + \left(\frac{U_{u_p}}{u_s - u_p}\right)^2} \cdot \rho_H \tag{1.79}$$

体应变 ε_H 及其不确定度分别为

$$\varepsilon_H = \frac{u_p}{u_s} \tag{1.80}$$

$$U_{\varepsilon_H} = \sqrt{\left(\frac{U_{u_p}}{u_p}\right)^2 + \left(\frac{U_{u_s}}{u_s}\right)^2} \cdot \varepsilon_H \tag{1.81}$$

这里以高纯无氧铜飞片速度 $0.800\mathrm{km\cdot s^{-1}}$ 的实验为例，表1.1中列出了相对应的不确定度，包括直接测量的不确定度和间接测量的不确定度。后文不再对不确定度进行特别

说明，读者若有需要可参照此例自行计算。

表 1.1　OFHC Cu 的 Hugoniot EOS 数据中不确定度计算示例

项目	h/mm	u_f/(km·s^{-1})	Δt/ns	u_p/(km·s^{-1})	u_s/(km·s^{-1})	ε_H	ρ_H/(g·cm^{-3})	σ_H/GPa
数值	3.000	0.800	661.0	0.400	4.541	0.088	9.821	16.27
不确定度	0.001	0.002	2.1	0.001	0.015	0.001	0.066	0.06

注：OFHC Cu 表示高电导率无氧铜；EOS 表示状态方程。

状态方程实验中，u_s-u_p 线性或二次多项式拟合采用最小二乘法，其标准差将在各材料对应参数表中展示。

1.7　数据说明

本节对书中的数据结构和数据来源进行说明，后文数据列表中的数据均为本书实验数据。本书第 1 章介绍了实验方法学，包括材料的表征方法、轻气炮工作原理、动态激光多普勒测速方法、冲击绝热线测量方法、层裂实验方法以及必要的误差分析和不确定度计算理论。第 2~6 章分别对应金属单质、传统合金、多主元合金 (主要为高熵合金)、聚合物和纤维复合材料，每节展示一种材料的微细观结构和冲击物性数据，读者可通过目录检索不同材料的数据种类。基本材料和实验参数以表格的形式呈现，主要有初始材料属性，包括制备方式、成分构成、晶体学信息和该材料的必要说明、密度 ρ_0、纵波声速 C_L、横波声速 C_T、体波声速 C_B 以及泊松比 ν 等；实验几何；冲击物性参数，包括 Hugoniot 弹性极限应力 σ_{HEL}、冲击波速–冲击态粒子速度截距 C_0、线性拟合参数 s、二次拟合参数 s_1 和 s_2 以及层裂强度 σ_{sp}。材料微细观结构信息以 EBSD 表征、极图、反极图、衍射图谱、拉曼光谱或 CT 的形式呈现。书中，铸造材料、粉末烧结材料以及热压成型材料的样品坐标系用 BD、TD 和 LD 表示。其中，BD 表示增材制造中的构建方向，即铸造生产及粉末烧结过程中的竖直方向和热压成型过程的压制方向；TD 和 LD 分别表示横向和纵向，是水平方向上 (垂直于 BD 方向) 两个随机且相互垂直的方向，通常根据样品的形状选定。挤出成型材料则参照轧制材料的方向表示方法，即 RD 为挤出方向，ND 为法向，TD 为横向。书中所有的 X 射线衍射表征均采用 Cu K$_\alpha$ 射线源，对应的 X 射线波长为 1.5418Å。冲击物性分为 Hugoniot 状态方程和层裂两部分，提供了实验参数和结果表，并绘制了 u_s-u_p 图、σ-$\tilde{V}$ 图和层裂实验的自由面速度历史。

由于实验方法、实验几何不同，实验的样品参数将在各对应章节中详细列出，此处仅对实验方法、物理量和数据图表进行基本说明。冲击绝热线 Hugoniot 的实验方法为台阶法和反碰法，这两种实验方法对应的实验几何在 1.4 节有详细介绍。两种方法可能用于获取同一种材料在不同压力段的数据，其细节将在对应章节进行说明。台阶法中，冲击波速均根据式 (1.40) 获得；粒子速度的测量方法在不同的实验几何中有所不同：在对称碰撞情况下，粒子速度为碰撞速度的一半；而在非对称碰撞情况下，使用冲击阻抗匹配法，通过式 (1.43) 和式 (1.44) 联合求解，获得粒子速度。反碰法中，通过测量碰撞速度、窗口碰撞面粒子速度和自由面粒子速度历史获取窗口材料的粒子速度、冲击波速以及被测样品的粒子速度，从而借助阻抗匹配法根据式 (1.45) 计算被测样品的冲击波速。Hugoniot 弹性极限应力为多次实验测量的平均值。数据列表中的冲击波速均为欧拉波速，声速为拉格朗日声速。书中，峰值冲击应力与归一化比容的关系 (σ-$\tilde{V}$) 通过拟合冲击波速与冲击态粒子速度关系计算获得。在冲击波速–冲击态粒子速度关系图中，实线一般为实验数据点的线性拟合；对于二次拟合、多段拟合等特殊情况，在对应图注中会有相应说明。对比参考数据主要出自 *Shock Wave Data Base*(俄罗斯)[45] 和 *LASL Shock Hugoniot Data*(美国)[46]。在后文中，两者均以 ISWD (international shock wave database，国际冲击波数据库) 指代，若有需要，读者可对 ISWD 中的数据出处溯源。本书图中少量不属于 ISWD 的参考文献数据，将单独进行标注。

　　层裂实验的碰撞几何均为飞片撞击样品，对于不同待测材料，飞片材料会根据其样品属性不同改变。第一种情况为对称碰撞，即飞片与样品材料均为被测材料，这种情况下根据撞击速度直接获得冲击态粒子速度，进而计算冲击应力。另一种情况为非对称碰撞，即飞片与样品材料不同，在该种情况下，飞片为标准材料 (即状态方程已知的材料)，通过阻抗匹配法计算冲击态粒子速度和冲击应力。数据列表中，层裂强度通过声波近似方法 [式 (1.61)] 获得。此外，式 (1.62) 介绍了考虑层裂片厚度的修正方法，读者可自行计算。同时书中展示出各材料在不同飞片速度下的自由面粒子速度历史图，为了更清晰和直观地获取碰撞信息，我们将每次实验的飞片速度标注在对应的曲线上，单位为 $m \cdot s^{-1}$。本书提供所展示的自由面速度时程曲线的 ASCII 文本数据，读者可根据需求自行下载。

　　表 1.2 对后续数据列表中出现的物理量进行统一定义。

表 1.2　参数对照表

Hugoniot 实验		层裂实验	
符号	物理量	符号	物理量
u_f	飞片速度	h_f	飞片厚度
u_{P_1}	弹性冲击态粒子速度	h_t	样品厚度
u_{s_1}	弹性冲击波速	τ	压缩脉冲时间宽度
u_{P_2}	塑性冲击态粒子速度	$\dot{\varepsilon}$	拉伸应变率
u_{s_2}	塑性冲击波速	σ_{sp}	层裂强度
u_p	单波时冲击态粒子速度	a_r	回跳加速度
u_s	单波时冲击波速	Δu_r	回跳速度
ε	体应变		
ρ	冲击态密度		
σ	峰值冲击应力		
σ_{HEL}	于戈尼奥弹性极限应力		
σ_y	动态屈服强度		

第 2 章 金 属 单 质

金属单质为高纯度的单元素金属。

本章包括如下 10 种常见金属单质的冲击物性数据：

- Co(钴)
- Cu(铜)
- Fe(铁)
- Mo(钼)
- Nb(铌)
- Ni(镍)
- Ti(钛)
- V(钒)
- W(钨)
- Zr(锆)

2.1 Co

数据目录

- 基本材料和实验参数表 (表 2.1)
- Hugoniot 实验数据表 (表 2.2)
- 层裂实验数据表 (表 2.3)
- 初始样品 EBSD 表征图 (图 2.1 ～ 图 2.3)
- 初始样品 XRD 曲线 (图 2.4)
- 冲击波速 – 冲击态粒子速度 (u_s-u_p) 关系图 (图 2.5)
- 冲击应力 – 归一化比容关系图 (图 2.6)
- 层裂实验样品自由面速度时程曲线 (图 2.7)

表 2.1 Co 的基本材料和实验参数

项目	参数详情
制备方式	铸造
纯度	Co: 99.99%
材料说明	FCC/HCP 双相结构,两相面积分数分别为 33% 和 67%;存在退火孪晶和 $71°\langle 11\bar{2}0\rangle$ 晶界;平均晶粒尺寸为 6μm
Hugoniot 实验几何	阻抗匹配:OFHC Cu 飞片;OFHC Cu 基板;Co 靶板
层裂实验几何	对称碰撞:Co 飞片;Co 靶板
晶体结构	FCC 和 HCP
晶格参数 (FCC)	$a = b = c = 3.54$Å;$\alpha = \beta = \gamma = 90°$
晶格参数 (HCP)	$a = b = 2.51$Å,$c = 4.07$Å;$\alpha = \beta = 90°$,$\gamma = 120°$
ρ_0	8.814g·cm^{-3}
C_L	5.749km·s^{-1}
C_T	2.980km·s^{-1}
C_B	4.605km·s^{-1}
ν	0.32
σ_{HEL}	无明显 HEL
σ_y	—
C_0	4.61km·s^{-1}±0.01km·s^{-1}
s	0.88±0.05
σ_{sp}	2.78~2.91GPa

注:FCC 为面心立方;HCP 为密排六方。

表 2.2 双相 Co 的 Hugoniot 实验数据

u_f /(km·s^{-1})	u_p /(km·s^{-1})	u_s /(km·s^{-1})	ε	ρ /(g·cm^{-3})	σ /GPa
0	0	—	0	8.814	0
0.128	0.057	4.660	0.012	8.922	2.55
0.323	0.150	4.752	0.032	9.101	6.43
0.509	0.240	4.834	0.050	9.274	10.40
0.696	0.332	4.901	0.068	9.453	14.53

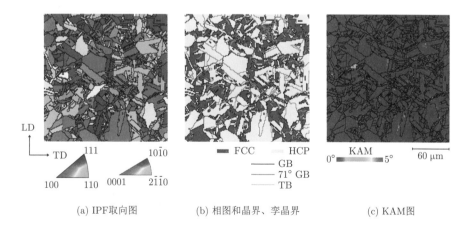

(a) IPF取向图 (b) 相图和晶界、孪晶界 (c) KAM图

图 2.1 双相 Co 的 EBSD 表征

GB 为晶界,TB 为孪晶界。后同

表 2.3　双相 Co 的层裂实验数据

$h_{\mathrm{f}}/$ mm	$h_{\mathrm{t}}/$ mm	$u_{\mathrm{f}}/$ $(\mathrm{km \cdot s^{-1}})$	$\sigma/$ GPa	$\tau/$ μs	$\dot{\varepsilon}/$ $(10^5 \mathrm{s}^{-1})$	$\sigma_{\mathrm{sp}}/$ GPa	$a_{\mathrm{r}}/$ $(10^9 \mathrm{m \cdot s^{-2}})$	$\Delta u_{\mathrm{r}}/$ $(\mathrm{km \cdot s^{-1}})$
1.001	1.982	0.187	3.87	0.22	1.12	2.87	0.3	0.051
1.032	1.990	0.215	4.46	0.23	1.55	2.91	0.5	0.096
1.008	1.999	0.230	4.79	0.23	1.19	2.89	0.4	0.088
1.007	2.006	0.428	9.05	0.25	2.10	2.78	1.0	0.102
1.006	2.001	0.597	12.85	0.25	2.08	2.91	1.0	0.104

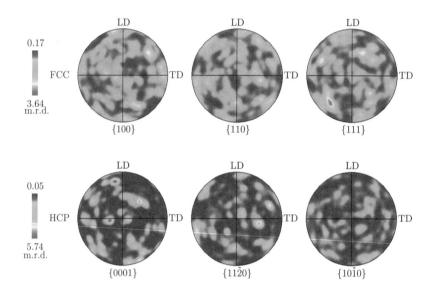

图 2.2　双相 Co 的极图

m.r.d. (multiples of random distribution, 随机分布倍数) 为颜色标尺单位。后同

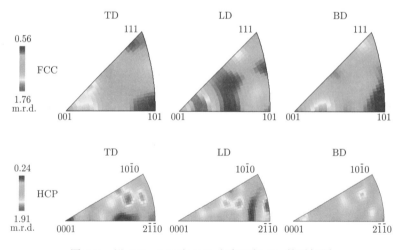

图 2.3　沿 TD、LD 和 BD 方向双相 Co 的反极图

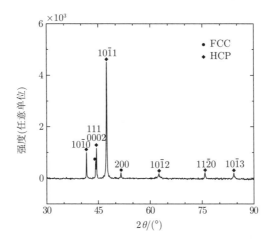

图 2.4 双相 Co 样品 XRD 曲线

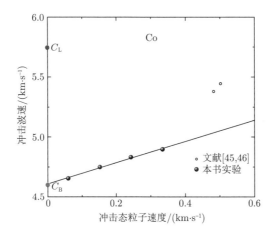

图 2.5 双相 Co 的冲击波速与冲击态粒子速度关系

实验参数和结果详见表 2.2，文献结果 [45,46] 用于对比

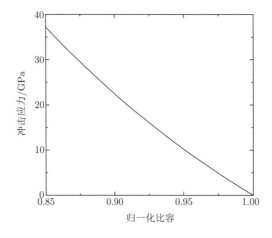

图 2.6 双相 Co 的峰值冲击应力与归一化比容关系

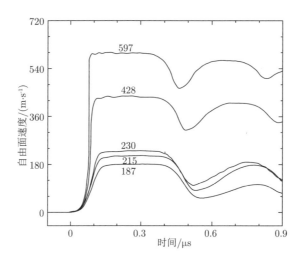

图 2.7　双相 Co 在不同飞片速度下的自由面速度时程曲线 (层裂实验)
实验参数和结果详见表 2.3

2.2　Cu

数据目录

- 基本材料和实验参数表 (表 2.4)
- Hugoniot 实验数据表 (表 2.5)
- 层裂实验数据表 (表 2.6)
- 初始样品 EBSD 表征图 (图 2.8 ~ 图 2.10)
- 初始样品 XRD 曲线 (图 2.11)
- 冲击波速–粒子速度 (u_s-u_p) 关系图 (图 2.12)
- 冲击应力–归一化比容关系图 (图 2.13)
- 层裂实验样品自由面速度时程曲线 (图 2.14)

表 2.4　Cu 的基本材料和实验参数

项目	参数详情
制备方式	轧制、退火
成分	Cu: 99.99% (OFHC)
材料说明	存在退火孪晶；平均晶粒尺寸为 $30\mu m$
Hugoniot 实验几何	对称碰撞：OFHC Cu 飞片；OFHC Cu 基板；Cu 靶板
层裂实验几何	对称碰撞：Cu 飞片；Cu 靶板
晶体结构	FCC
晶格参数	$a = b = c = 3.61\text{Å}$；$\alpha = \beta = \gamma = 90°$
ρ_0	$8.955\text{g}\cdot\text{cm}^{-3}$
C_L	$4.749\text{km}\cdot\text{s}^{-1}$

续表

项目	参数详情
C_T	$2.317\mathrm{km\cdot s^{-1}}$
C_B	$3.924\mathrm{km\cdot s^{-1}}$
ν	0.34
σ_{HEL}	0.09GPa
σ_y	0.04GPa
C_0	$3.91\mathrm{km\cdot s^{-1}} \pm 0.01\mathrm{km\cdot s^{-1}}$
s	1.51 ± 0.03
σ_{sp}	$1.25\sim1.38$GPa

表 2.5　OFHC Cu 的 Hugoniot 实验数据

$u_f/$ $(\mathrm{km\cdot s^{-1}})$	$u_p/$ $(\mathrm{km\cdot s^{-1}})$	$u_s/$ $(\mathrm{km\cdot s^{-1}})$	ε	$\rho/$ $(\mathrm{g\cdot cm^{-3}})$	$\sigma/$ GPa
0	0	—	0	8.955	0
0.318	0.159	4.154	0.038	9.311	5.92
0.328	0.164	4.152	0.039	9.323	6.09
0.404	0.202	4.240	0.048	9.403	7.66
0.407	0.203	4.231	0.048	9.407	7.71
0.499	0.249	4.257	0.059	9.512	9.50
0.501	0.250	4.305	0.058	9.508	9.65
0.502	0.251	4.301	0.058	9.510	9.67
0.608	0.304	4.385	0.069	9.622	11.93
0.613	0.307	4.367	0.070	9.631	11.99
0.613	0.307	4.349	0.071	9.635	11.94
0.615	0.308	4.344	0.071	9.638	11.97
0.706	0.353	4.461	0.079	9.725	14.10
0.713	0.357	4.432	0.080	9.739	14.16
0.800	0.400	4.541	0.088	9.821	16.27
0.806	0.403	4.528	0.089	9.830	16.35
0.921	0.461	4.606	0.100	9.950	19.00
0.928	0.464	4.621	0.100	9.955	19.20
1.037	0.518	4.731	0.110	10.057	21.97
1.120	0.560	4.787	0.117	10.141	24.01
1.169	0.584	4.799	0.122	10.197	25.12
1.178	0.589	4.819	0.122	10.202	25.41
1.179	0.590	4.806	0.123	10.207	25.37
1.255	0.628	4.849	0.129	10.286	27.25
1.276	0.638	4.824	0.132	10.319	27.55
1.416	0.708	4.976	0.142	10.441	31.55
1.536	0.768	5.077	0.151	10.550	34.91

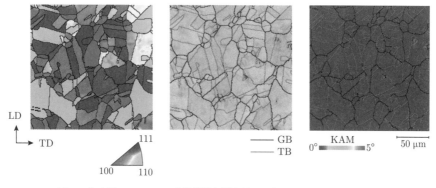

(a) IPF取向图　　　　　(b) 菊池带衬度图和晶界、孪晶界　　　　　(c) KAM图

图 2.8　OFHC Cu 的 EBSD 表征

表 2.6　OFHC Cu 的层裂实验数据

$h_f/$ mm	$h_t/$ mm	$u_f/$ (km·s⁻¹)	$\sigma/$ GPa	$\tau/$ μs	$\dot{\varepsilon}/$ (10⁵s⁻¹)	$\sigma_{sp}/$ GPa	$a_r/$ (10⁹m·s⁻²)	$\Delta u_r/$ (km·s⁻¹)
1.009	1.983	0.090	1.61	0.29	0.76	1.25	0.1	0.045
1.046	1.938	0.294	5.44	0.32	0.86	1.24	0.4	0.052
1.046	2.002	0.477	9.11	0.30	0.92	1.28	0.9	0.052
1.000	2.030	0.526	10.14	0.29	1.01	1.34	1.4	0.059
0.992	2.035	0.619	12.13	0.29	1.18	1.38	1.3	0.054

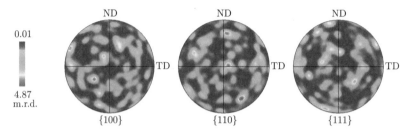

图 2.9　OFHC Cu 的极图

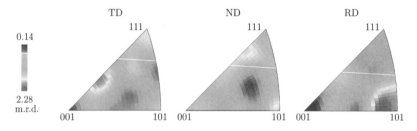

图 2.10　沿 TD、ND 和 RD 方向 OFHC Cu 的反极图

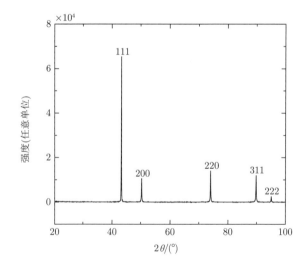

图 2.11　OFHC Cu 的 XRD 曲线

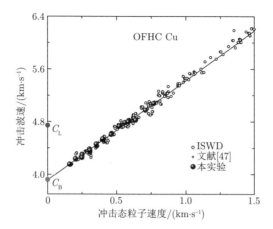

图 2.12　OFHC Cu 的冲击波速与冲击态粒子速度关系

实验参数和结果详见表 2.5，文献结果 [47] 用于对比

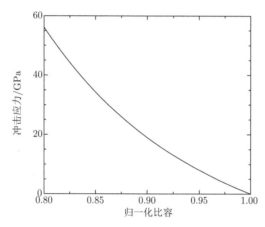

图 2.13　OFHC Cu 的峰值冲击应力与归一化比容关系

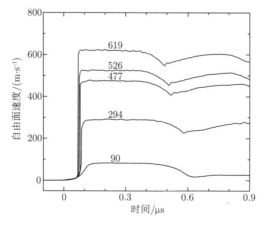

图 2.14　OFHC Cu 在不同飞片速度下的自由面速度时程曲线 (层裂实验)

实验参数和结果详见表 2.6

2.3　Fe

数据目录

表 2.7　Fe 的基本材料和实验参数

项目	参数详情
制备方式	铸造
纯度	Fe：99.99%
材料说明	平均晶粒尺寸为 30μm
Hugoniot 实验几何	阻抗匹配：OFHC Cu 飞片；OFHC Cu 基板；Fe 靶板
层裂实验几何	对称碰撞：Fe 飞片；Fe 靶板
晶体结构	BCC(体心立方)
晶格参数	$a = b = c = 2.87\text{Å}$；$\alpha = \beta = \gamma = 90°$
ρ_0	7.734g·cm^{-3}
C_L	5.925km·s^{-1}
C_T	3.236km·s^{-1}
C_B	4.598km·s^{-1}
ν	0.29
σ_{HEL}	1.68GPa
σ_y	1.00GPa
C_0	$4.38\text{km·s}^{-1}\pm0.03\text{km·s}^{-1}$ ($u_p \leqslant 0.335\text{km·s}^{-1}$)
s	1.75 ± 0.14 ($u_p \leqslant 0.335\text{km·s}^{-1}$)
σ_{sp}	1.25~1.38GPa

表 2.8　Fe 的 Hugoniot 实验数据

$u_f/$ (km·s^{-1})	$u_{p_1}/$ (km·s^{-1})	$u_{s_1}/$ (km·s^{-1})	$u_{p_2}/$ (km·s^{-1})	$u_{s_2}/$ (km·s^{-1})	ε	$\rho/$ (g·cm^{-3})	$\sigma/$ GPa
0	0	—	0	—	0	7.734	0
0.319	0.033	6.092	0.155	4.654	0.032	8.097	6.12
0.400	0.041	6.024	0.201	4.720	0.041	8.129	7.54
0.525	0.034	5.989	0.262	4.840	0.053	8.273	10.14

表 2.9　Fe 的层裂实验数据

$h_f/$ mm	$h_t/$ mm	$u_f/$ (km·s^{-1})	$\sigma/$ GPa	$\tau/$ μs	$\dot\varepsilon/$ (10^5s^{-1})	$\sigma_{sp}/$ GPa	$a_r/$ (10^9m·s^{-2})	$\Delta u_r/$ (km·s^{-1})
0.956	1.885	0.226	4.00	0.18	1.05	2.73	1.4	0.137
0.950	1.894	0.413	7.57	0.19	1.30	2.56	2.0	0.128
0.954	1.894	0.616	11.71	0.17	1.34	2.51	2.3	0.126
0.953	1.892	0.826	—	—	1.36	2.25	0.5	0.113

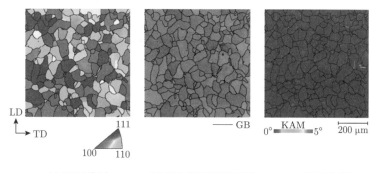

(a) IPF取向图　(b) 菊池带衬度图和晶界　(c) KAM图

图 2.15　Fe 的 EBSD 表征

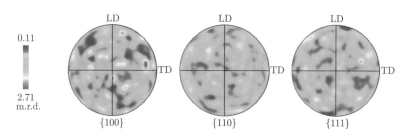

图 2.16　Fe 的极图

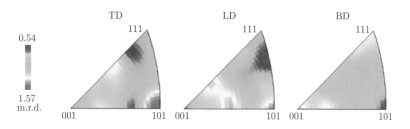

图 2.17　沿 TD、LD 和 BD 方向 Fe 的反极图

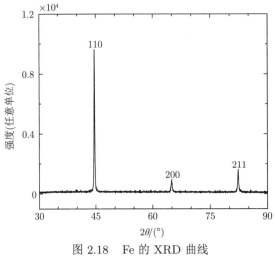

图 2.18 Fe 的 XRD 曲线

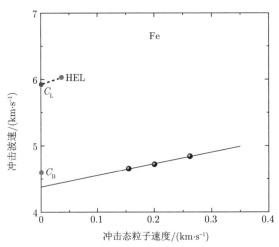

图 2.19 Fe 的冲击波速与冲击态粒子速度关系

实验参数和结果详见表 2.8

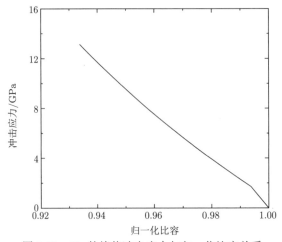

图 2.20 Fe 的峰值冲击应力与归一化比容关系

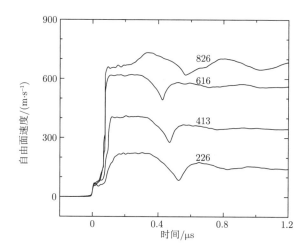

图 2.21 Fe 在不同飞片速度下的自由面速度时程曲线 (层裂实验)

实验参数和结果详见表 2.9

2.4 Mo

数据目录

- 基本材料和实验参数 (表 2.10)
- Hugoniot 实验数据表 (表 2.11)
- 层裂实验数据表 (表 2.12)
- 初始样品 EBSD 表征图 (图 2.22 ~ 图 2.24)
- 初始样品 XRD 曲线 (图 2.25)
- 冲击波速 – 冲击态粒子速度 (u_s-u_p) 关系图 (图 2.26)
- 冲击应力 – 归一化比容关系图 (图 2.27)
- 层裂实验样品自由面速度时程曲线 (图 2.28)

表 2.10 Mo 的基本材料和实验参数

项目	参数详情
制备方式	铸造
纯度	Mo：99.99%
材料说明	平均晶粒尺寸为 15μm；存在残余变形
Hugoniot 实验几何	阻抗匹配：OFHC Cu 飞片；OFHC Cu 基板；Mo (BD) 靶板
层裂实验几何	对称碰撞：Mo (BD) 飞片；Mo (BD) 靶板
晶体结构	BCC
晶格参数	$a = b = c = 3.15\text{Å}$；$\alpha = \beta = \gamma = 90°$
ρ_0	10.154g·cm^{-3}
C_L	6.470km·s^{-1}
C_T	3.489km·s^{-1}

项目	参数详情
C_B	5.063km·s^{-1}
ν	0.30
σ_{HEL}	1.52GPa
σ_y	0.88GPa
C_0	$5.01\text{km·s}^{-1}\pm0.05\text{km·s}^{-1}$
s	1.35 ± 0.16
σ_{sp}	$1.44\sim1.56\text{GPa}$

表 2.11　Mo (BD) 的 Hugoniot 实验数据

$u_f/$ (km·s^{-1})	$u_{p_1}/$ (km·s^{-1})	$u_{s_1}/$ (km·s^{-1})	$u_{p_2}/$ (km·s^{-1})	$u_{s_2}/$ (km·s^{-1})	ε	$\rho/$ (g·cm^{-3})	$\sigma/$ GPa
0	0	—	0	—	0	10.154	0
0.316	0.023	6.531	0.128	5.204	0.024	10.401	7.07
0.505	0.025	6.461	0.210	5.263	0.039	10.606	11.54
0.717	0.031	6.418	0.300	5.437	0.054	10.791	16.95
0.915	0.027	6.361	0.389	5.539	0.070	10.970	22.12

表 2.12　Mo (BD) 的层裂实验数据

$h_f/$ mm	$h_t/$ mm	$u_f/$ (km·s^{-1})	$\sigma/$ GPa	$\tau/$ μs	$\dot{\varepsilon}/$ (10^5s^{-1})	$\sigma_{sp}/$ GPa	$a_r/$ (10^9m·s^{-2})	$\Delta u_r/$ (km·s^{-1})
1.005	2.004	0.610	16.86	0.17	1.09	1.44	1.9	0.050
1.002	2.003	0.407	10.96	0.18	1.04	1.44	1.9	0.050
1.002	2.003	0.254	6.72	0.18	1.01	1.46	1.7	0.050
1.008	2.006	0.131	3.40	0.19	1.00	1.56	1.8	0.054

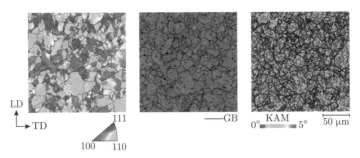

(a) IPF取向图　　　　(b) 菊池带衬度图和晶界　　　　(c) KAM图

图 2.22　Mo 的 EBSD 表征

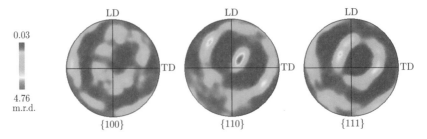

图 2.23　Mo 的极图

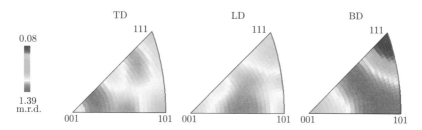

图 2.24　沿 TD、LD 和 BD 方向 Mo 的反极图

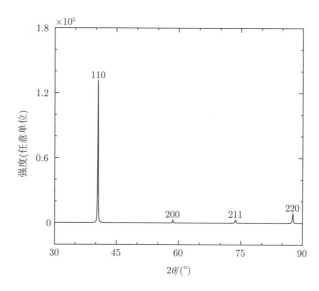

图 2.25　Mo 的 XRD 曲线

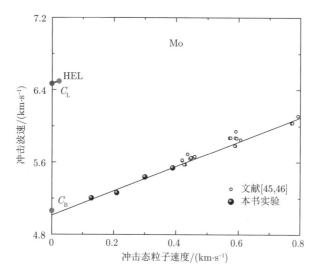

图 2.26　Mo 的冲击波速与冲击态粒子速度关系

实验参数和结果详见表 2.11，文献结果 [45,46] 用于对比

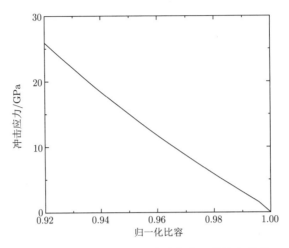

图 2.27　Mo 的峰值冲击应力与归一化比容关系

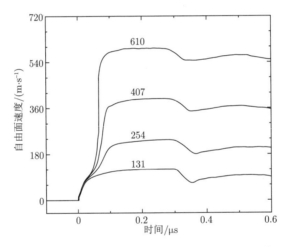

图 2.28　Mo (BD) 在不同飞片速度下的自由面速度时程曲线 (层裂实验)

实验参数和结果详见表 2.12

2.5　Nb

数据目录

- 基本材料和实验参数表 (表 2.13)

- Hugoniot 实验数据表 (表 2.14)

- 层裂实验数据表 (表 2.15)

- 初始样品 EBSD 表征图 (图 2.29 ∼ 图 2.31)

- 初始样品 XRD 曲线 (图 2.32)

- 冲击波速 – 冲击态粒子速度 $(u_s\text{-}u_p)$ 关系图 (图 2.33)

- 冲击应力–归一化比容关系图 (图 2.34)
- 层裂实验样品自由面速度时程曲线 (图 2.35)

表 2.13　Nb 的基本材料和实验参数

项目	参数详情
制备方式	铸造
纯度	Nb：99.99%
材料说明	平均晶粒尺寸为 30μm；存在残余变形；存在 $\langle 110 \rangle \parallel$ BD 织构
Hugoniot 实验几何	阻抗匹配：OFHC Cu 飞片；OFHC Cu 基板；Nb (BD) 靶板
层裂实验几何	对称碰撞：Nb (BD) 飞片；Nb (BD) 靶板
晶体结构	BCC
晶格参数	$a = b = c = 3.30$Å；$\alpha = \beta = \gamma = 90°$
ρ_0	8.507g·cm^{-3}
C_L	5.033km·s^{-1}
C_T	2.039km·s^{-1}
C_B	4.448km·s^{-1}
ν	0.40
σ_HEL	1.78GPa
σ_y	0.59GPa
C_0	4.54km·s^{-1}±0.01km·s^{-1}
s	1.10±0.04
σ_sp	2.65∼2.74GPa

表 2.14　Nb (BD) 的 Hugoniot 实验数据

$u_\text{f}/$ (km·s^{-1})	$u_{\text{p}_1}/$ (km·s^{-1})	$u_{\text{s}_1}/$ (km·s^{-1})	$u_{\text{p}_2}/$ (km·s^{-1})	$u_{\text{s}_2}/$ (km·s^{-1})	ε	$\rho/$ (g·cm^{-3})	$\sigma/$ GPa
0	0	—	0	—	0	8.507	0
0.329	0.037	5.072	0.157	4.715	0.033	8.815	6.43
0.512	0.043	5.072	0.248	4.802	0.051	8.946	10.20
0.710	0.044	5.082	0.346	4.920	0.070	9.130	14.54
0.894	—	—	0.439	5.012	0.088	9.341	18.73

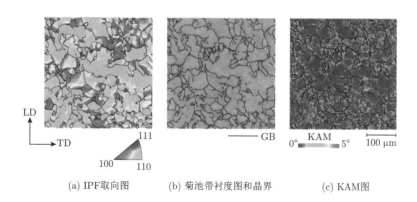

(a) IPF取向图　　　(b) 菊池带衬度图和晶界　　　(c) KAM图

图 2.29　Nb 的 EBSD 表征

表 2.15　Nb (BD) 的层裂实验数据

$h_f/$ mm	$h_t/$ mm	$u_f/$ (km·s^{-1})	$\sigma/$ GPa	$\tau/$ μs	$\dot{\varepsilon}/$ (10^5s^{-1})	$\sigma_{sp}/$ GPa	$a_r/$ (10^9m·s^{-2})	$\Delta u_r/$ (km·s^{-1})
1.003	1.997	0.228	4.68	0.29	1.77	2.65	1.3	0.062
1.006	2.003	0.420	8.64	0.28	2.85	2.74	3.9	0.079
1.007	2.007	0.617	12.88	0.29	3.41	2.74	4.7	0.081
1.001	2.006	0.820	17.44	0.26	3.29	2.71	5.4	0.080

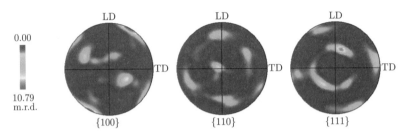

图 2.30　Nb 的极图

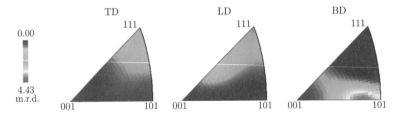

图 2.31　沿 TD、LD 和 BD 方向 Nb 的反极图

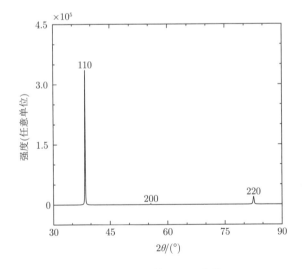

图 2.32　Nb 的 XRD 曲线

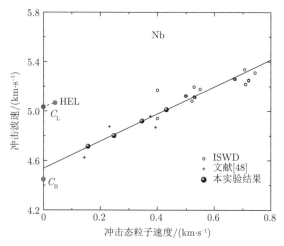

图 2.33　Nb (BD) 的冲击波速与冲击态粒子速度关系

实验参数和结果详见表 2.14，文献结果 [48] 用于对比

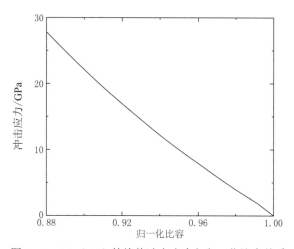

图 2.34　Nb (BD) 的峰值冲击应力与归一化比容关系

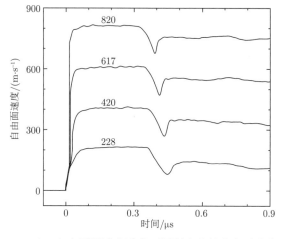

图 2.35　Nb (BD) 在不同冲击速度下层裂实验的自由面速度时程曲线

实验参数和结果详见表 2.15

2.6 Ni

数据目录

- 基本材料和实验参数表 (表 2.16)
- Hugoniot 实验数据表 (表 2.17)
- 层裂实验数据表 (表 2.18)
- 初始样品 EBSD 表征图 (图 2.36 ~ 图 2.38)
- 初始样品 XRD 曲线 (图 2.39)
- 冲击波速–冲击态粒子速度 (u_s-u_p) 关系图 (图 2.40)
- 冲击应力–归一化比容关系图 (图 2.41)
- 层裂实验样品自由面速度时程曲线 (图 2.42)

表 2.16 Ni 的基本材料和实验参数

项目	参数详情
制备方式	轧制、退火
纯度	Ni：99.99%
材料说明	存在退火孪晶；平均晶粒尺寸为 52μm
Hugoniot 实验几何	阻抗匹配：OFHC Cu 飞片；OFHC Cu 基板；Ni 靶板
层裂实验几何	对称碰撞：Ni 飞片；Ni 靶板
晶体结构	FCC
晶格参数	$a = b = c = 3.52$Å；$\alpha = \beta = \gamma = 90°$
ρ_0	8.892g·cm^{-3}
C_L	5.821km·s^{-1}
C_T	3.017km·s^{-1}
C_B	4.663km·s^{-1}
ν	0.32
σ_{HEL}	无明显 HEL
σ_y	—
C_0	4.74km·s^{-1}±0.02km·s^{-1}
s	1.12±0.05
σ_{sp}	1.73~2.12GPa

表 2.17 Ni 的 Hugoniot 实验数据

u_f/(km·s^{-1})	u_p/(km·s^{-1})	u_s/(km·s^{-1})	ε	ρ/(g·cm^{-3})	σ/GPa
0	0	—	0	8.892	0
0.341	0.149	4.914	0.030	9.166	7.22
0.511	0.238	5.000	0.048	9.334	10.57
0.720	0.338	5.126	0.066	9.493	15.35
0.862	0.407	5.196	0.078	9.635	18.75

表 2.18　Ni 的层裂实验数据

h_f/mm	h_t/mm	u_f/(km·s^{-1})	σ/GPa	τ/μs	$\dot{\varepsilon}$/(10^{5}s^{-1})	σ_{sp}/GPa	a_r/(10^{9}m·s^{-2})	Δu_r/(km·s^{-1})
0.975	1.954	0.134	2.88	0.22	1.04	1.83	0.7	0.079
0.983	1.964	0.253	5.47	0.24	1.25	1.79	0.9	0.078
0.982	1.963	0.411	9.09	0.25	1.01	1.73	1.5	0.075
0.980	1.964	0.565	12.70	0.22	0.97	2.12	1.9	0.092

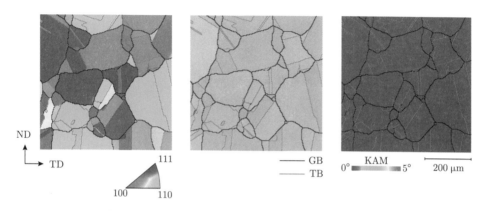

(a) IPF取向图　　　　　　(b) 菊池带衬度图和晶界、孪晶界　　　　　　(c) KAM图

图 2.36　Ni 的 EBSD 表征

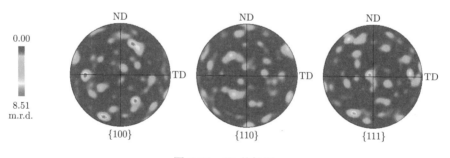

图 2.37　Ni 的极图

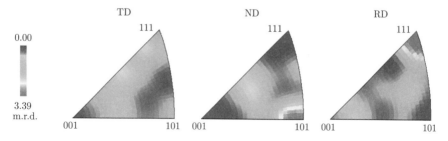

图 2.38　沿 TD、ND 和 RD 方向 Ni 的反极图

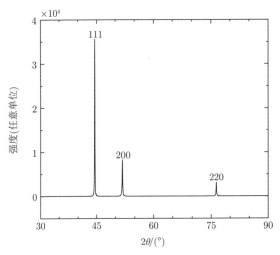

图 2.39　Ni 的 XRD 曲线

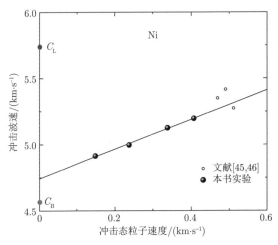

图 2.40　Ni 的冲击波速与冲击态粒子速度关系

实验参数和结果详见表 2.17，文献结果 [45,46] 用于对比

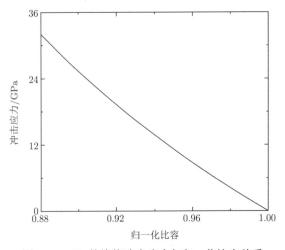

图 2.41　Ni 的峰值冲击应力与归一化比容关系

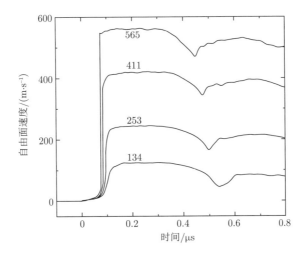

图 2.42　Ni 在不同飞片速度下的自由面速度时程曲线 (层裂实验)

实验参数和结果详见表 2.18

2.7　Ti

数据目录

- 基本材料和实验参数表 (表 2.19)

- Hugoniot 实验数据表 (表 2.20)

- 层裂实验数据表 (表 2.21)

- 初始样品 EBSD 表征图 (图 2.43 ~ 图 2.45)

- 初始样品 XRD 曲线 (图 2.46)

- 冲击波速 – 冲击态粒子速度 (u_s-u_p) 关系图 (图 2.47)

- 冲击应力 – 归一化比容关系图 (图 2.48)

- 层裂实验样品自由面速度时程曲线 (图 2.49)

表 2.19　Ti 的基本材料和实验参数

项目	参数详情
制备方式	轧制、退火
纯度	Ti: 99.6%
材料说明	平均晶粒尺寸为 25μm; 存在 $\langle 0002 \rangle \parallel$ TD 织构
Hugoniot 实验几何	阻抗匹配: OFHC Cu 飞片; Ti (ND) 基板; Ti (ND) 靶板
层裂实验几何	对称碰撞: Ti (ND) 飞片; Ti (ND) 靶板
晶体结构	HCP
晶格参数	$a = b = 2.95$Å, $c = 4.68$Å; $\alpha = \beta = 90°$, $\gamma = 120°$
ρ_0	4.525g·cm^{-3}
C_L	6.067km·s^{-1}
C_T	3.039km·s^{-1}

续表

项目	参数详情
C_{B}	$4.949\mathrm{km\cdot s^{-1}}$
ν	0.33
σ_{HEL}	1.32GPa
σ_{y}	0.66GPa
C_0	$5.16\mathrm{km\cdot s^{-1}}\pm 0.02\mathrm{km\cdot s^{-1}}$
s	0.57 ± 0.04
σ_{sp}	$3.11\sim 3.35$GPa

表 2.20　Ti (ND) 的 Hugoniot 实验数据

$u_{\mathrm{f}}/$ $(\mathrm{km\cdot s^{-1}})$	$u_{\mathrm{p1}}/$ $(\mathrm{km\cdot s^{-1}})$	$u_{\mathrm{s1}}/$ $(\mathrm{km\cdot s^{-1}})$	$u_{\mathrm{p2}}/$ $(\mathrm{km\cdot s^{-1}})$	$u_{\mathrm{s2}}/$ $(\mathrm{km\cdot s^{-1}})$	ε	$\rho/$ $(\mathrm{g\cdot cm^{-3}})$	$\sigma/$ GPa
0	0	—	0	—	0	4.525	0
0.325	0.051	6.064	0.194	5.270	0.036	4.688	4.81
0.510	0.050	6.206	0.309	5.347	0.057	4.778	7.56
0.703	0.053	6.088	0.430	5.421	0.078	4.870	10.60
0.911	0.054	6.088	0.560	5.481	0.101	5.006	13.95

表 2.21　Ti (ND) 的层裂实验数据

$h_{\mathrm{f}}/$ mm	$h_{\mathrm{t}}/$ mm	$u_{\mathrm{f}}/$ $(\mathrm{km\cdot s^{-1}})$	$\sigma/$ GPa	$\tau/$ μs	$\dot{\varepsilon}/$ $(10^5\mathrm{s^{-1}})$	$\sigma_{\mathrm{sp}}/$ GPa	$a_{\mathrm{r}}/$ $(10^9\mathrm{m\cdot s^{-2}})$	$\Delta u_{\mathrm{r}}/$ $(\mathrm{km\cdot s^{-1}})$
1.008	2.007	0.383	4.73	0.18	1.45	3.35	1.0	0.164
1.010	2.008	0.450	5.52	0.19	1.89	3.30	1.1	0.197
1.010	2.005	0.654	8.06	0.18	2.13	3.11	1.4	0.205
0.980	1.945	0.867	10.77	0.18	2.38	3.15	1.6	0.203

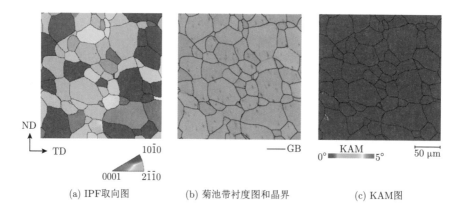

(a) IPF取向图　　　　(b) 菊池带衬度图和晶界　　　　(c) KAM图

图 2.43　Ti 的 EBSD 表征

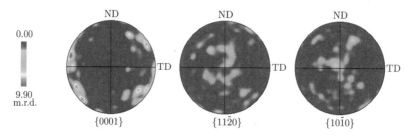

图 2.44　Ti 的极图

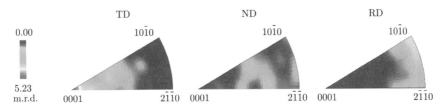

图 2.45　沿 TD、ND 和 RD 方向 Ti 的反极图

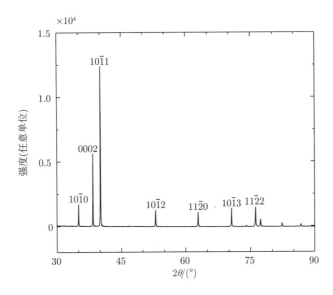

图 2.46　Ti 的 XRD 曲线

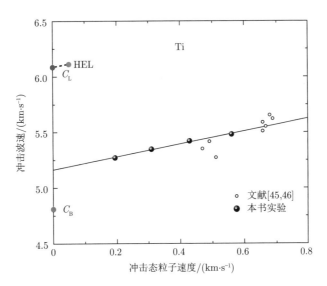

图 2.47　Ti (ND) 的冲击波速与冲击态粒子速度关系

实验参数和结果详见表 2.20，文献结果 [45,46] 用于对比

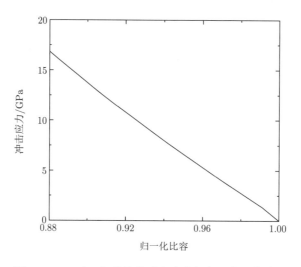

图 2.48　Ti (ND) 的峰值冲击应力与归一化比容关系

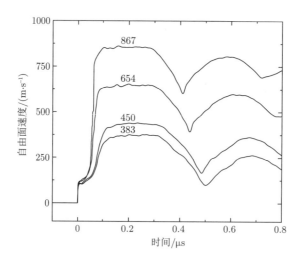

图 2.49　Ti (ND) 在不同飞片速度下的自由面速度时程曲线 (层裂实验)

实验参数和结果详见表 2.21

2.8　V

数据目录

- 基本材料和实验参数表 (表 2.22)

- Hugoniot 实验数据表 (表 2.23)

- 层裂实验数据表 (表 2.24)

- 初始样品 EBSD 表征图 (图 2.50 ~ 图 2.52)

- 初始样品 XRD 曲线 (图 2.53)

- 冲击波速 – 冲击态粒子速度 (u_s-u_p) 关系图 (图 2.54)

- 冲击应力 – 归一化比容关系图 (图 2.55)

- 层裂实验样品自由面速度时程曲线 (图 2.56)

表 2.22　V 的基本材料和实验参数

项目	参数详情
制备方式	粉末烧结
纯度	V: 99.8%
材料说明	晶粒尺寸大于 $100\mu m$；亚晶界将粗晶粒分为 $2\sim13\mu m$ 的亚晶粒；存在残余变形；存在 $\{001\}\langle110\rangle$ 板织构
Hugoniot 实验几何	阻抗匹配：OFHC Cu 飞片；V 基板；V 靶板
层裂实验几何	对称碰撞：V 飞片；V 靶板
晶体结构	BCC
晶格参数	$a = b = c = 3.03\text{Å}$；$\alpha = \beta = \gamma = 90°$
ρ_0	6.054g·cm^{-3}
C_L	6.030km·s^{-1}
C_T	2.756km·s^{-1}
C_B	5.122km·s^{-1}
ν	0.37
σ_{HEL}	1.05GPa
σ_y	0.44GPa
C_0	$5.15\text{km·s}^{-1}\pm0.02\text{km·s}^{-1}$
s	1.37 ± 0.04
σ_{sp}	$2.09\sim2.89$GPa

表 2.23　V 的 Hugoniot 实验数据

$u_f/$ (km·s^{-1})	$u_{p1}/$ (km·s^{-1})	$u_{s1}/$ (km·s^{-1})	$u_{p2}/$ (km·s^{-1})	$u_{s2}/$ (km·s^{-1})	ε	$\rho/$ (g·cm^{-3})	$\sigma/$ GPa
0	0	—	0	0	0	6.054	0
0.501	0.032	6.200	0.266	5.510	0.048	6.380	9.00
0.802	0.030	6.103	0.429	5.719	0.075	6.567	14.91
1.063	0.021	6.265	0.570	5.940	0.096	6.719	20.54
1.634	—	—	0.882	6.347	0.118	7.056	34.02

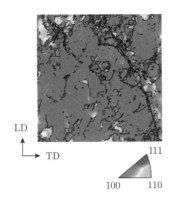

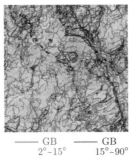

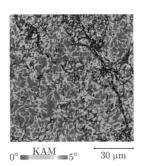

(a) IPF取向图　　　　　　(b) 菊池带衬度图和晶界　　　　　(c) KAM图

图 2.50　V 的 EBSD 表征

表 2.24　V 的层裂实验数据

$h_\mathrm{f}/$ mm	$h_\mathrm{t}/$ mm	$u_\mathrm{f}/$ (km·s^{-1})	$\sigma/$ GPa	$\tau/$ μs	$\dot{\varepsilon}/$ (10^{5}s^{-1})	$\sigma_\mathrm{sp}/$ GPa	$a_\mathrm{r}/$ (10^{9}m·s^{-2})	$\Delta u_\mathrm{r}/$ (km·s^{-1})
1.004	2.006	0.284	4.73	0.24	1.66	2.09	0.8	0.045
1.003	2.006	0.401	6.71	0.25	1.93	2.36	1.8	0.071
1.003	2.004	0.512	8.64	0.25	2.29	2.89	5.2	0.086
1.006	2.007	0.650	11.10	0.25	2.36	2.81	3.2	0.092

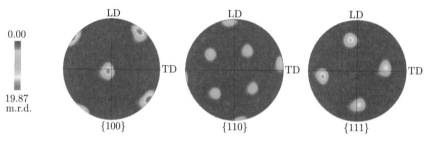

图 2.51　V 的极图

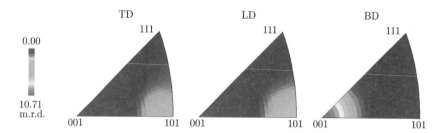

图 2.52　沿 TD、LD 和 BD 方向 V 的反极图

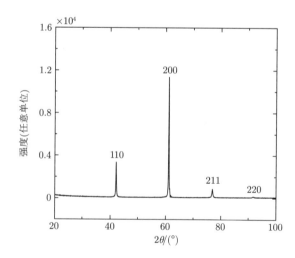

图 2.53　V 的 XRD 曲线

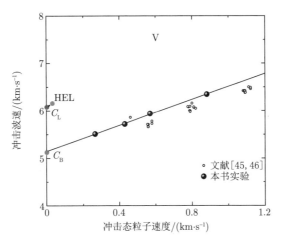

图 2.54　V 的冲击波速与冲击态粒子速度关系

实验参数和结果详见表 2.23，文献结果 [45,46] 用于对比

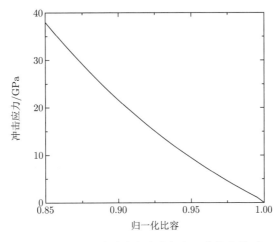

图 2.55　V 的峰值冲击应力与归一化比容关系

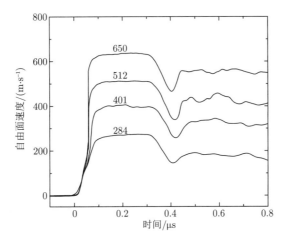

图 2.56　V 在不同飞片速度下的自由面速度时程曲线 (层裂实验)

实验参数和结果详见表 2.24

2.9　W

数据目录

- 基本材料和实验参数表 (表 2.25)
- Hugoniot 实验数据表 (表 2.26)
- 层裂实验数据表 (表 2.27)
- 初始样品 EBSD 表征图 (图 2.57 ∼ 图 2.59)
- 初始样品 XRD 曲线 (图 2.60)
- 冲击波速 – 冲击态粒子速度 (u_s-u_p) 关系图 (图 2.61)
- 冲击应力 – 归一化比容关系图 (图 2.62)
- 层裂实验样品自由面速度时程曲线 (图 2.63)

表 2.25　W 的基本材料和实验参数

项目	参数详情
制备方式	粉末烧结
纯度	W：99.98%
材料说明	平均晶粒尺寸为 20μm
Hugoniot 实验几何	对称碰撞：W 飞片；W 基板；W 靶板
层裂实验几何	对称碰撞：W 飞片；W 靶板
晶体结构	BCC
晶格参数	$a = b = c = 3.17$Å；$\alpha = \beta = \gamma = 90°$
ρ_0	18.780g·cm^{-3}
C_L	5.157km·s^{-1}
C_T	2.865km·s^{-1}
C_B	3.956km·s^{-1}
ν	0.28
σ_{HEL}	2.69GPa
σ_y	1.64GPa
C_0	2.91km·s^{-1}±0.05km·s^{-1}
s	2.72±0.08
σ_{sp}	0.63∼0.72GPa

表 2.26　W 的 Hugoniot 实验数据

$u_f/$ (km·s^{-1})	$u_{p2}/$ (km·s^{-1})	$u_{s2}/$ (km·s^{-1})	ε	$\rho/$ (g·cm^{-3})	$\sigma/$ GPa
0	0	—	0	18.780	0
0.776	0.388	3.958	0.098	20.837	28.88
1.064	0.532	4.364	0.121	21.382	43.63
1.092	0.546	4.417	0.123	21.428	45.36
1.427	0.713	4.844	0.147	22.044	64.96

表 2.27　W 的层裂实验数据

$h_f/$ mm	$h_t/$ mm	$u_f/$ $(km\cdot s^{-1})$	$\sigma/$ GPa	$\tau/$ μs	$\dot{\varepsilon}/$ $(10^5 s^{-1})$	$\sigma_{sp}/$ GPa
0.927	1.929	0.405	13.97	0.06	0.20	0.72
0.928	1.924	0.496	17.42	0.10	0.51	0.63
0.960	1.955	0.602	21.77	0.12	0.45	0.72

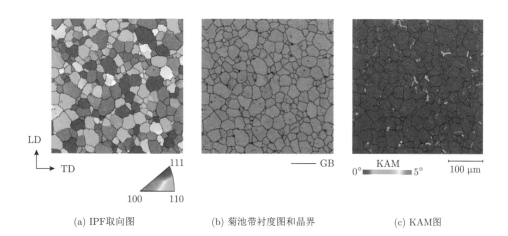

(a) IPF取向图　　　(b) 菊池带衬度图和晶界　　　(c) KAM图

图 2.57　W 的 EBSD 表征

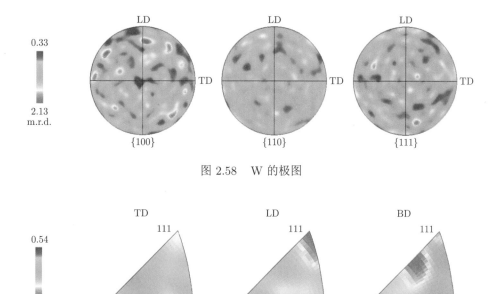

图 2.58　W 的极图

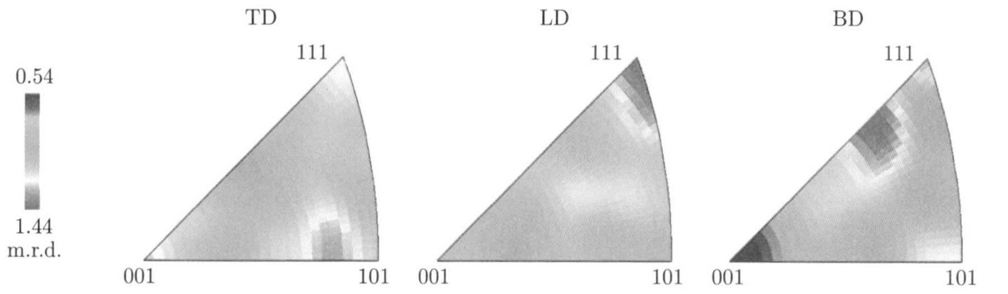

图 2.59　沿 TD、LD 和 BD 方向 W 的反极图

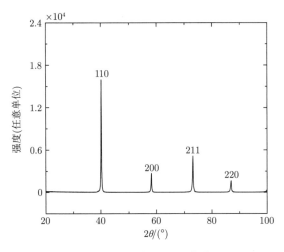

图 2.60　W 的 XRD 曲线

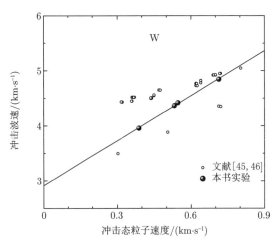

图 2.61　W 的冲击波速与冲击态粒子速度关系

实验参数和结果详见表 2.26；文献结果 [45,46] 用于对比

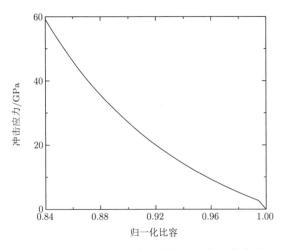

图 2.62　W 的峰值冲击应力与归一化比容关系

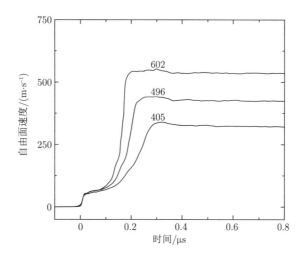

图 2.63　W 在不同飞片速度下的自由面速度时程曲线 (层裂实验)

实验参数和结果详见表 2.27

2.10　Zr

数据目录

- 基本材料和实验参数表 (表 2.28)

- Hugoniot 实验数据表 (表 2.29)

- 层裂实验数据表 (表 2.30)

- 初始样品 EBSD 表征图 (图 2.64 ~ 图 2.66)

- 初始样品 XRD 曲线 (图 2.67)

- 冲击波速 – 冲击态粒子速度 (u_s-u_p) 关系图 (图 2.68)

- 冲击应力 – 归一化比容关系图 (图 2.69)

- 层裂实验样品自由面速度时程曲线 (图 2.70)

表 2.28　Zr 的基本材料和实验参数

项目	参数详情
制备方式	铸造、轧制、锻造、退火
纯度	Zr：97.6%
材料说明	平均晶粒尺寸为 27μm；存在 $\langle 0001 \rangle$ ‖TD 织构
Hugoniot 实验几何	阻抗匹配：OFHC Cu 飞片；Zr (BD) 基板；Zr (BD) 靶板
层裂实验几何	对称碰撞：Zr (BD) 飞片；Zr (BD) 靶板
晶体结构	HCP
晶格参数	$a = b = 3.23$Å，$c = 5.15$Å；$\alpha = \beta = 90°$，$\gamma = 120°$
ρ_0	$6.557\mathrm{g\cdot cm^{-3}}$
C_L	$4.692\mathrm{km\cdot s^{-1}}$
C_T	$2.357\mathrm{km\cdot s^{-1}}$

续表

项目	参数详情
C_B	3.822km·s^{-1}
ν	0.33
σ_{HEL}	0.72GPa
σ_y	0.36GPa
C_0	$3.82 \text{km·s}^{-1} \pm 0.02 \text{km·s}^{-1}$
s	1.11 ± 0.04
σ_{sp}	$2.02 \sim 2.21 \text{GPa}$

表 2.29　Zr (BD) 的 Hugoniot 实验数据

$u_f/$ (km·s^{-1})	$u_{p_1}/$ (km·s^{-1})	$u_{s_1}/$ (km·s^{-1})	$u_{p_2}/$ (km·s^{-1})	$u_{s_2}/$ (km·s^{-1})	ε	$\rho/$ (g·cm^{-3})	$\sigma/$ GPa
0	0	—	0	—	0	6.557	0
0.312	0.023	4.623	0.181	4.005	0.045	6.849	4.82
0.503	0.021	4.684	0.292	4.143	0.070	7.035	8.00
0.586	0.021	4.727	0.340	4.202	0.080	7.116	9.41
0.707	0.024	4.771	0.410	4.292	0.095	7.230	11.59
0.964	0.026	4.673	0.561	4.421	0.127	7.492	16.29
1.366	0.026	4.886	0.795	4.699	0.169	7.873	24.40

表 2.30　Zr (BD) 的层裂实验数据

$h_f/$ mm	$h_t/$ mm	$u_f/$ (km·s^{-1})	$\sigma/$ GPa	$\tau/$ μs	$\dot{\varepsilon}/$ (10^5s^{-1})	$\sigma_{sp}/$ GPa	$a_r/$ (10^8m·s^{-2})	$\Delta u_r/$ (km·s^{-1})
1.007	1.997	0.314	4.22	0.31	1.56	2.12	3.5	0.097
1.009	1.999	0.405	5.47	0.27	1.75	2.10	5.3	0.108
1.004	2.001	0.538	7.35	0.27	1.67	2.21	5.4	0.105
1.007	2.002	0.599	8.24	0.26	2.06	2.02	7.0	0.107

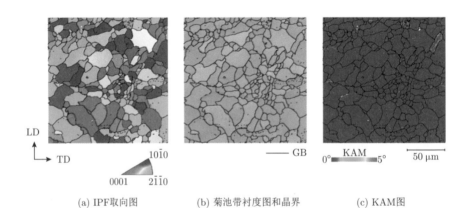

(a) IPF取向图　　　　(b) 菊池带衬度图和晶界　　　　(c) KAM图

图 2.64　Zr 的 EBSD 表征

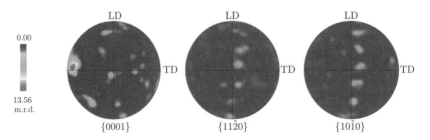

图 2.65　Zr 的极图

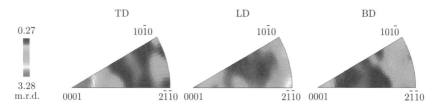

图 2.66　沿 TD、ND 和 RD 方向 Zr 的反极图

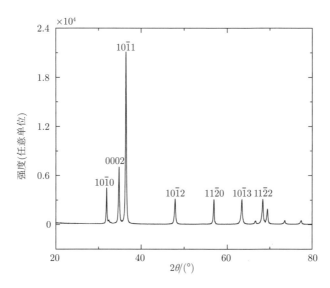

图 2.67　Zr 的 XRD 曲线

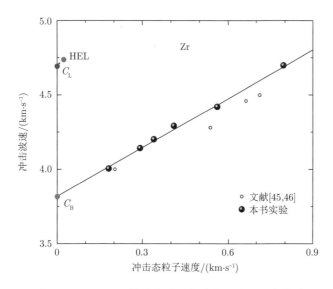

图 2.68　Zr (BD) 的冲击波速与冲击态粒子速度关系

实验参数和结果详见表 2.29，文献结果 [45,46] 用于对比

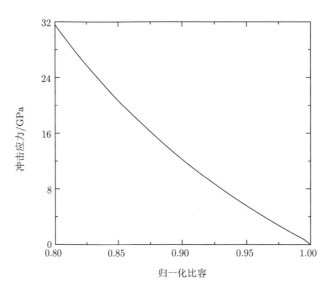

图 2.69　Zr (BD) 的峰值冲击应力与归一化比容关系

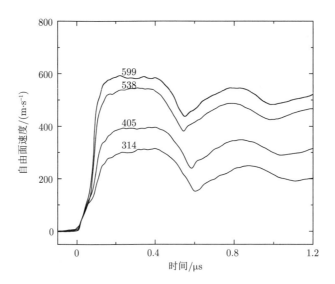

图 2.70　Zr (BD) 在不同飞片速度下的自由面速度时程曲线 (层裂实验)

实验参数和结果详见表 2.30

第 3 章　传 统 合 金

合金是由两种或两种以上元素组成的化合物或固溶体的金属物质。

本章包括如下 17 种传统合金的冲击物性数据：

- 铝合金 2024

- 铝合金 5083

- 铝合金 6061

- 铝合金 7075

- 镁合金 Mg-3Al-1Zn

- 镁合金 Mg-6Zn-1Zr

- 镁合金 Mg-Zn-Mn

- 镁合金 Mg-6Gd-3Y-0.5Zr

- 镍合金 Inconel718

- 钢：2205 双相不锈钢

- 钢：304 不锈钢

- 钢：316L 不锈钢

- 钢：Q235

- 钛合金 Ti-6Al-4V

- 铜合金 H62(黄铜)

- 铜合金 QAl9-4

- 锌合金 3#Zn

3.1　铝合金 2024

数据目录

- 基本材料和实验参数表 (表 3.1)

- Hugoniot 实验数据表 (表 3.2)

- 层裂实验数据表 (表 3.3)

- 初始样品 EBSD 表征图 (图 3.1 ~ 图 3.3)

- 初始样品 SEM/EDS 图 (图 3.4)

- 初始样品 XRD 曲线 (图 3.5)

- 冲击波速 – 冲击态粒子速度 (u_{s}-u_{p}) 关系图 (图 3.6)

- 冲击应力 – 归一化比容关系图 (图 3.7)

- 层裂实验样品自由面速度时程曲线 (图 3.8)

表 3.1　铝合金 2024 的基本材料和实验参数

项目	参数详情
制备方式	T4
成分 (质量分数)/%	Al(93.3)；Cu(4.14)；Mg(1.48)；Mn(0.55)；Fe(0.19)；Zn(0.11)；Ti(0.05)；Cr(0.03)
材料说明	存在富 Mg、Mn、Fe 和 Cu 析出相；基体相晶粒沿 RD 方向拉长，尺寸超过 1.5mm，沿 TD 和 ND 方向的平均晶粒尺寸分别为 300μm 和 100μm；存在少量残余变形
Hugoniot 实验几何	阻抗匹配：OFHC Cu 飞片；铝合金 2024 (ND) 基板；铝合金 2024 (ND) 靶板
层裂实验几何	对称碰撞：铝合金 2024 (ND) 飞片；铝合金 2024 (ND) 靶板
晶体结构	FCC
晶格参数	$a = b = c = 4.05\text{Å}$；$\alpha = \beta = \gamma = 90°$
ρ_0	2.78g·cm^{-3}
C_{L}	6.354km·s^{-1}
C_{T}	3.145km·s^{-1}
C_{B}	5.214km·s^{-1}
ν	0.34
σ_{HEL}	0.80GPa
σ_{y}	0.42GPa
C_0	$5.37\text{km·s}^{-1} \pm 0.03\text{km·s}^{-1}$
s	1.33 ± 0.07
σ_{sp}	1.01~1.14GPa

表 3.2　铝合金 2024 (ND) 的 Hugoniot 实验数据

$u_{\mathrm{f}}/$ (km·s^{-1})	$u_{\mathrm{p_1}}/$ (km·s^{-1})	$u_{\mathrm{s_1}}/$ (km·s^{-1})	$u_{\mathrm{p_2}}/$ (km·s^{-1})	$u_{\mathrm{s_2}}/$ (km·s^{-1})	ε	$\rho/$ (g·cm^{-3})	$\sigma/$ GPa
0	0	—	0	—	0	2.780	0
0.325	0.043	6.949	0.224	5.674	0.038	2.893	3.68
0.512	0.045	6.301	0.354	5.858	0.060	2.960	5.88
0.711	0.045	6.699	0.492	6.009	0.081	3.029	8.32
0.889	0.045	6.735	0.614	6.201	0.098	3.087	10.65

表 3.3　铝合金 2024 (ND) 的层裂实验数据

$h_{\mathrm{f}}/$ mm	$h_{\mathrm{t}}/$ mm	$u_{\mathrm{f}}/$ (km·s^{-1})	$\sigma/$ GPa	$\tau/$ μs	$\dot{\varepsilon}/$ (10^{5}s^{-1})	$\sigma_{\mathrm{sp}}/$ GPa	$a_{\mathrm{r}}/$ (10^8 m·s^{-2})	$\Delta u_{\mathrm{r}}/$ (km·s^{-1})
1.008	2.009	0.269	2.21	0.19	0.93	1.18	2.8	0.148
1.005	2.005	0.350	2.85	0.17	1.14	1.13	3.7	0.142
1.009	2.013	0.422	3.44	0.17	1.17	1.01	2.1	0.127
0.997	2.001	0.447	3.64	0.16	1.39	1.13	5.3	0.141
1.008	2.011	0.559	4.57	0.15	1.53	1.14	6.2	0.143

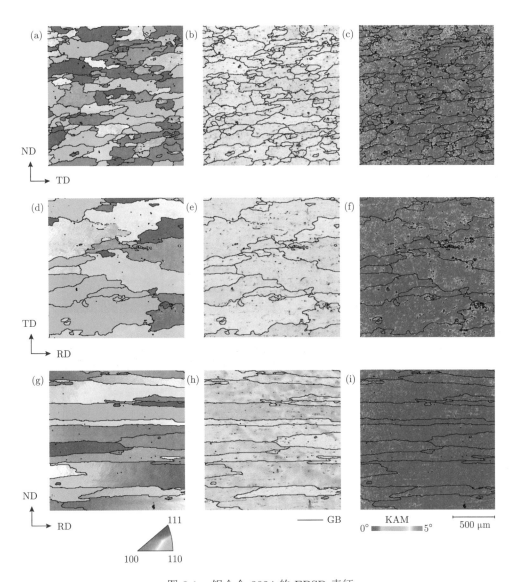

图 3.1　铝合金 2024 的 EBSD 表征

(a)、(d)、(g) 均为 IPF 取向图，(b)、(e)、(h) 均为菊池带衬度图和晶界，(c)、(f)、(i) 均为 KAM 图

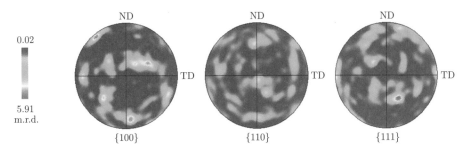

图 3.2　铝合金 2024 的极图

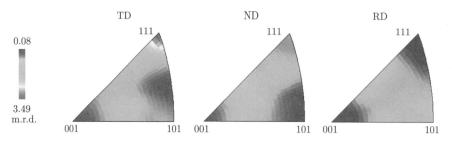

图 3.3　沿 TD、ND 和 RD 方向铝合金 2024 的反极图

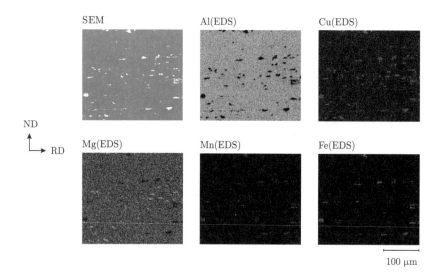

图 3.4　铝合金 2024 的 SEM 图像和 EDS 图

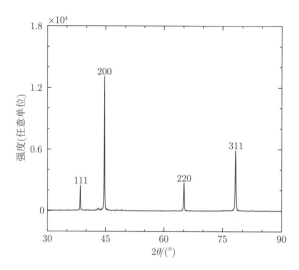

图 3.5　铝合金 2024 的 XRD 曲线

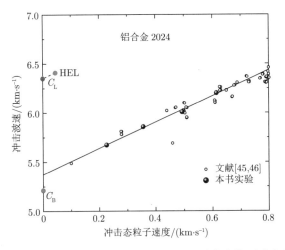

图 3.6　铝合金 2024 (ND) 的冲击波速与冲击态粒子速度关系

实验参数和结果详见表 3.2, 文献结果 [45,46] 用于对比

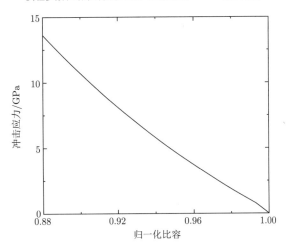

图 3.7　铝合金 2024 (ND) 的峰值冲击应力与归一化比容关系

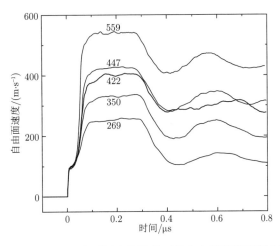

图 3.8　铝合金 2024 (ND) 在不同飞片速度下的自由面速度时程曲线 (层裂实验)

实验参数和结果详见表 3.3

3.2　铝合金 5083

数据目录

表 3.4　铝合金 5083 的基本材料和实验参数

项目	参数详情
制备方式	轧制
成分 (质量分数)/%	Al(94.76)；Mg(4.33)；Mn(0.57)；Fe(0.13)；Cr (0.10)；Si(0.05)；Ti(0.04)；Zn(0.02)
材料说明	存在富 Fe 和 Mn 的析出相；基体相为垂直 ND 的片层状晶粒；晶粒沿 TD、RD 方向拉长，尺寸超过 120μm，沿 ND 方向的平均晶粒尺寸为 35μm；存在残余变形；存在 {110}⟨112⟩ 轧制织构
Hugoniot 实验几何	对称碰撞：铝合金 5083 (ND) 飞片；铝合金 5083 (ND) 基板；铝合金 5083 (ND) 靶板；阻抗匹配：OFHC Cu 飞片；铝合金 5083 (ND) 基板；铝合金 5083 (ND) 靶板
层裂实验几何	对称碰撞：铝合金 5083 (ND) 飞片；铝合金 5083 (ND) 靶板
晶体结构	FCC
晶格参数	$a = b = c = 4.05$Å；$\alpha = \beta = \gamma = 90°$
ρ_0	2.657g·cm^{-3}
C_L	6.382km·s^{-1}
C_T	3.236km·s^{-1}
C_B	5.176km·s^{-1}
ν	0.33
σ_{HEL}	0.48GPa
σ_y	0.24GPa
C_0	5.17km·s^{-1}±0.03km·s^{-1}
s	1.56±0.06
σ_{sp}	0.88∼0.91GPa

表 3.5　铝合金 5083 (ND) 的 Hugoniot 实验数据 (对称碰撞)

$u_f/$ (km·s^{-1})	$u_{p1}/$ (km·s^{-1})	$u_{s1}/$ (km·s^{-1})	$u_{p2}/$ (km·s^{-1})	$u_{s2}/$ (km·s^{-1})	ε	$\rho/$ (g·cm^{-3})	$\sigma/$ GPa
0	0	—	0	—	0	2.657	0
0.362	0.024	6.656	0.181	5.458	0.032	2.749	2.63
0.543	0.024	6.822	0.272	5.580	0.048	2.794	4.03

表 3.6　铝合金 5083 (ND) 的 Hugoniot 实验数据 (阻抗匹配)

$u_f/$ (km·s^{-1})	$u_{p_1}/$ (km·s^{-1})	$u_{s_1}/$ (km·s^{-1})	$u_{p_2}/$ (km·s^{-1})	$u_{s_2}/$ (km·s^{-1})	ε	$\rho/$ (g·cm^{-3})	$\sigma/$ GPa
0	0	—	0	—	0	2.657	0
0.663	0.031	6.448	0.467	5.936	0.078	2.886	7.39
0.978	0.029	6.500	0.687	6.219	0.110	2.989	11.36
1.107	0.029	7.057	0.774	6.391	0.121	3.025	13.17

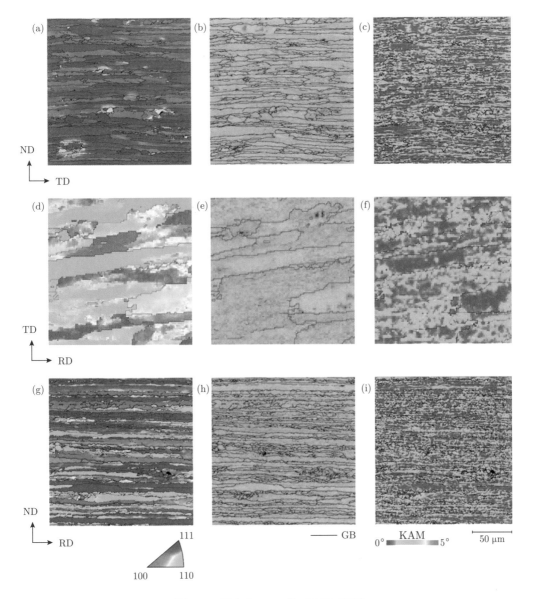

图 3.9　铝合金 5083 的 EBSD 表征

(a)、(d)、(g) 均为 IPF 取向图，(b)、(e)、(h) 均为菊池带衬度图和晶界，(c)、(f)、(i) 均为 KAM 图

表 3.7   铝合金 5083 (ND) 的层裂实验数据

$h_{\mathrm{f}}/$ mm	$h_{\mathrm{t}}/$ mm	$u_{\mathrm{f}}/$ (km·s^{-1})	$\sigma/$ GPa	$\tau/$ μs	$\dot{\varepsilon}/$ (10^5s^{-1})	$\sigma_{\mathrm{sp}}/$ GPa	$a_{\mathrm{r}}/$ (10^8 m·s^{-2})	$\Delta u_{\mathrm{r}}/$ (km·s^{-1})
1.000	1.993	0.309	2.31	0.15	0.78	0.91	4.4	0.043
0.995	1.995	0.401	3.00	0.15	0.83	0.88	4.3	0.059
1.000	2.000	0.497	3.74	0.16	1.02	0.91	6.6	0.076
0.992	1.995	0.588	4.47	0.14	1.19	0.91	8.4	0.081

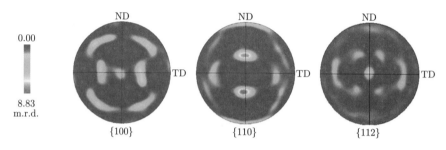

图 3.10   铝合金 5083 的极图

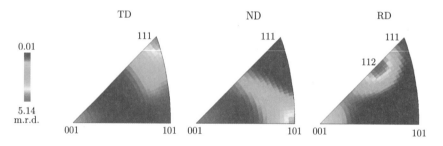

图 3.11   沿 TD、ND 和 RD 方向铝合金 5083 的反极图

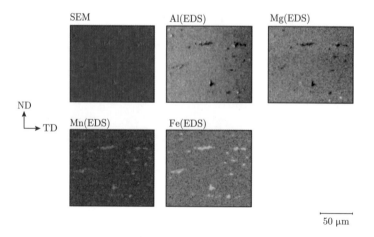

图 3.12   铝合金 5083 的 SEM 图像和 EDS 图

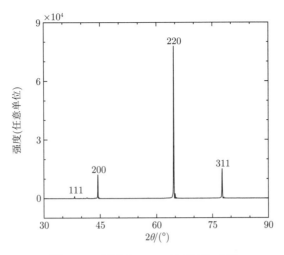

图 3.13　铝合金 5083 的 XRD 曲线

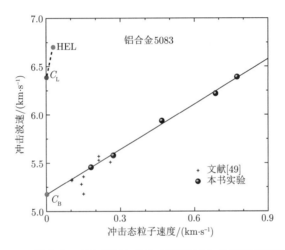

图 3.14　铝合金 5083 (ND) 的冲击波速与冲击态粒子速度关系

实验参数和结果详见表 3.5 ~ 表 3.6，文献结果[49]用于对比

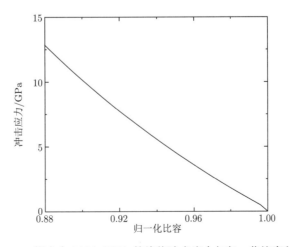

图 3.15　铝合金 5083 (ND) 的峰值冲击应力与归一化比容关系

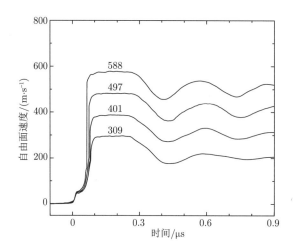

图 3.16　铝合金 5083 (ND) 在不同飞片速度下的自由面速度时程曲线 (层裂实验)
实验参数和结果详见表 3.7

3.3　铝合金 6061

数据目录

表 3.8　铝合金 6061 基本材料和实验参数

项目	参数详情
制备方式	T651
成分 (质量分数)/%	Al(96.91)；Mg(1.07)；Si(0.72)；Cu(0.48)；Fe(0.33)；Zn(0.18)；Cr(0.11)；Ti(0.10)；Mn(0.10)；
材料说明	沿 RD、TD 方向的平均晶粒尺寸为 95μm；沿 ND 方向的平均晶粒尺寸为 80μm
Hugoniot 实验几何	对称碰撞：铝合金 6061 (ND) 飞片；铝合金 6061 (ND) 基板；铝合金 6061 (ND) 靶板
层裂实验几何	对称碰撞：铝合金 6061 (ND) 飞片；铝合金 6061 (ND) 靶板
晶体结构	FCC
晶格参数	$a = b = c = 4.05\text{Å}$；$\alpha = \beta = \gamma = 90°$
ρ_0	2.701g·cm^{-3}
C_L	6.398km·s^{-1}
C_T	3.185km·s^{-1}

续表

项目	参数详情
C_B	5.235km·s^{-1}
ν	0.34
σ_{HEL}	0.54GPa
σ_y	0.27GPa
C_0	5.29km·s^{-1}±0.03km·s^{-1}
s	1.72±0.08
σ_{sp}	0.92~1.16GPa

表 3.9　铝合金 6061 (ND) 的 Hugoniot 实验数据

$u_f/$ (km·s^{-1})	$u_{p_1}/$ (km·s^{-1})	$u_{s_1}/$ (km·s^{-1})	$u_{p_2}/$ (km·s^{-1})	$u_{s_2}/$ (km·s^{-1})	ε	$\rho/$ (g·cm^{-3})	$\sigma/$ GPa
0	0	—	0	—	0	2.701	0
0.339	0.038	6.174	0.170	5.592	0.030	2.784	2.52
0.536	0.022	6.206	0.268	5.731	0.046	2.833	4.34
0.766	0.026	6.772	0.383	5.957	0.064	2.885	6.28
0.964	0.022	6.482	0.482	6.104	0.079	2.932	8.11

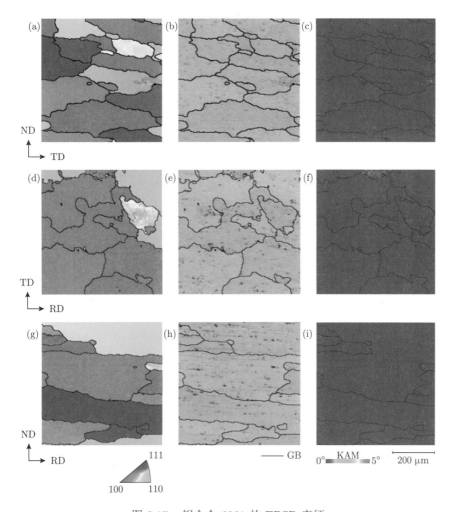

图 3.17　铝合金 6061 的 EBSD 表征

(a)、(d)、(g) 均为 IPF 取向图, (b)、(e)、(h) 均为菊池带衬度图和晶界, (c)、(f)、(i) 均为 KAM 图

表 3.10　铝合金 6061 (ND) 的层裂实验数据

$h_f/$ mm	$h_t/$ mm	$u_f/$ $(km \cdot s^{-1})$	$\sigma/$ GPa	$\tau/$ μs	$\dot{\varepsilon}/$ $(10^5 s^{-1})$	$\sigma_{sp}/$ GPa	$a_r/$ $(10^9 m \cdot s^{-2})$	$\Delta u_r/$ $(km \cdot s^{-1})$
1.003	1.997	0.201	1.54	0.20	0.69	1.01	—	—
1.006	2.003	0.262	2.00	0.21	0.95	1.08	0.4	0.058
1.007	2.007	0.412	3.17	0.20	1.16	1.16	1.1	0.107
1.005	2.003	0.420	3.24	0.20	1.10	0.99	0.7	0.078
1.001	2.006	0.581	4.56	0.22	1.02	0.92	0.5	0.064
1.004	1.976	0.620	4.89	0.22	1.07	0.99	0.7	0.072
0.993	1.968	0.706	5.64	0.22	1.11	1.05	0.9	0.084

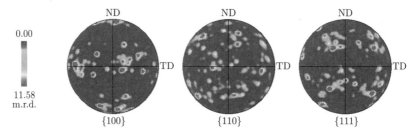

图 3.18　铝合金 6061 的极图

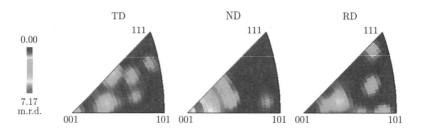

图 3.19　沿 TD、ND 和 RD 方向铝合金 6061 的反极图

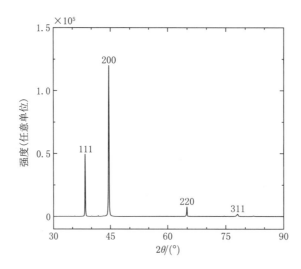

图 3.20　铝合金 6061 的 XRD 曲线

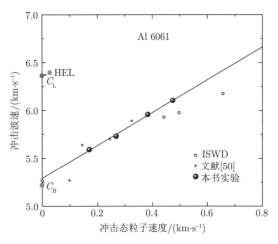

图 3.21　铝合金 6061 (ND) 的冲击波速与冲击态粒子速度关系
实验参数和结果详见表 3.9，文献结果[50] 用于对比

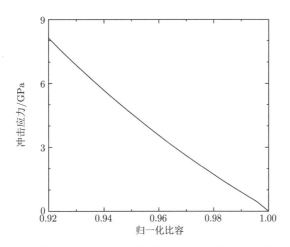

图 3.22　铝合金 6061 (ND) 的峰值冲击应力与归一化比容关系

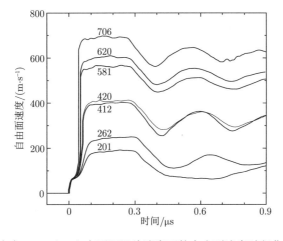

图 3.23　铝合金 6061 (ND) 在不同飞片速度下的自由面速度时程曲线 (层裂实验)
实验参数和结果详见表 3.10

3.4　铝合金 7075

数据目录

表 3.11　铝合金 7075 的基本材料和实验参数

项目	参数详情
制备方式	轧制
成分 (质量分数)/%	Al(89.36)；Zn(5.96)；Mg(2.51)；Cu(1.53)；Fe(0.29)；Cr(0.19)；Na(0.16)
材料说明	存在富 Cu 和 Fe 的析出相；基体相晶粒沿 RD 方向被拉长，尺寸超过 200μm，沿 TD 和 ND 方向的平均晶粒尺寸分别为 40μm 和 30μm；存在少量残余变形
Hugoniot 实验几何	对称碰撞：铝合金 7075 (ND) 飞片；铝合金 7075 (ND) 基板；铝合金 7075 (ND) 靶板
层裂实验几何	对称碰撞：铝合金 7075 (ND) 飞片；铝合金 7075 (ND) 靶板
晶体结构	FCC
晶格参数	$a = b = c = 4.05\text{Å}$；$\alpha = \beta = \gamma = 90°$
ρ_0	2.785g·cm^{-3}
C_L	6.329km·s^{-1}
C_T	3.096km·s^{-1}
C_B	5.223km·s^{-1}
ν	0.34
σ_{HEL}	0.78GPa
σ_y	0.38GPa
C_0	$5.25\text{km·s}^{-1}\pm0.03\text{km·s}^{-1}$
s	1.76 ± 0.08
σ_{sp}	1.08~1.29GPa

表 3.12　铝合金 7075 (ND) 的 Hugoniot 实验数据

$u_f/$ (km·s^{-1})	$u_{p_1}/$ (km·s^{-1})	$u_{s_1}/$ (km·s^{-1})	$u_{p_2}/$ (km·s^{-1})	$u_{s_2}/$ (km·s^{-1})	ε	$\rho/$ (g·cm^{-3})	$\sigma/$ GPa
0	0	—	0	—	0	2.785	0
0.331	0.041	6.399	0.166	5.534	0.030	2.876	2.54
0.528	0.049	6.564	0.264	5.771	0.045	2.917	4.22
0.777	0.050	6.411	0.389	5.947	0.065	2.962	6.40
0.924	0.048	6.674	0.462	6.043	0.076	3.020	7.73

表 3.13 铝合金 7075 (ND) 的层裂实验数据

$h_f/$ mm	$h_t/$ mm	$u_f/$ $(km \cdot s^{-1})$	$\sigma/$ GPa	$\tau/$ μs	$\dot{\varepsilon}/$ $(10^5 s^{-1})$	$\sigma_{sp}/$ GPa	$a_r/$ $(10^9 m \cdot s^{-2})$	$\Delta u_r/$ $(km \cdot s^{-1})$
0.998	2.000	0.200	1.65	0.22	0.46	1.08	0.3	0.136
1.007	2.006	0.315	2.55	0.22	0.79	1.14	0.6	0.143
1.003	2.003	0.432	3.49	0.21	1.25	1.20	1.2	0.151
1.000	2.005	0.516	4.19	0.21	1.36	1.29	1.6	0.161
0.999	2.000	0.603	4.94	0.21	1.57	1.15	0.9	0.144
1.004	2.004	0.746	6.20	0.20	1.38	1.14	1.2	0.143

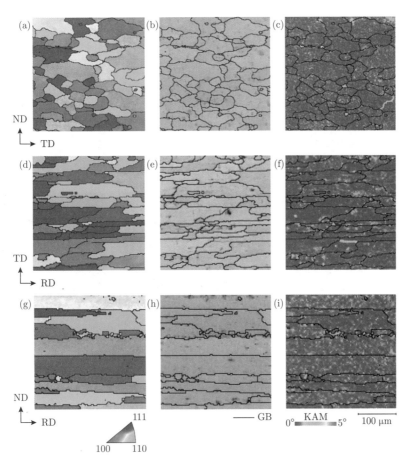

图 3.24 铝合金 7075 的 EBSD 表征

(a)、(d)、(g) 均为 IPF 取向图，(b)、(e)、(h) 均为菊池带衬度图和晶界，(c)、(f)、(i) 均为 KAM 图

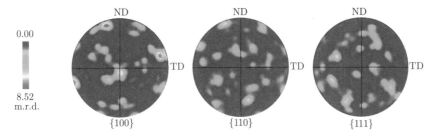

图 3.25 铝合金 7075 的极图

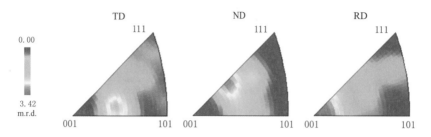

图 3.26　沿 TD、ND 和 RD 方向铝合金 7075 的反极图

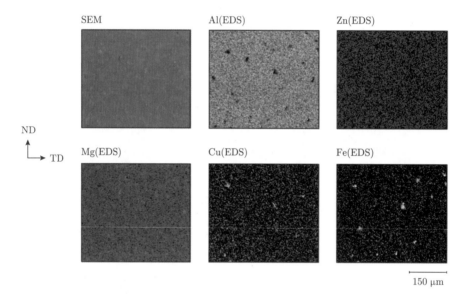

图 3.27　铝合金 7075 的 SEM 图像和 EDS 图

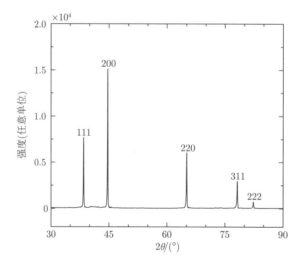

图 3.28　铝合金 7075 的 XRD 曲线

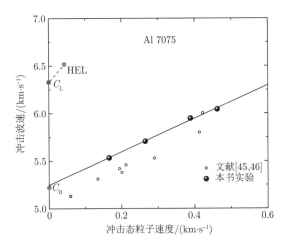

图 3.29 铝合金 7075 (ND) 的冲击波速与冲击态粒子速度关系
实验参数和结果详见表 3.12, 文献结果 [45,46] 用于对比

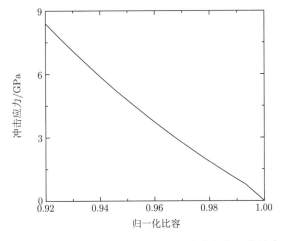

图 3.30 铝合金 7075 (ND) 的峰值冲击应力与归一化比容关系

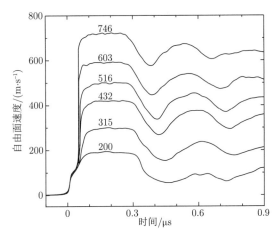

图 3.31 铝合金 7075 (ND) 在不同飞片速度下的自由面速度时程曲线 (层裂实验)
实验参数和结果详见表 3.13

3.5　镁合金 Mg-3Al-1Zn

数据目录

- 基本材料和实验参数表 (表 3.14)

- Hugoniot 实验数据表 (表 3.15)

- 层裂实验数据表 (表 3.16)

- 初始样品 EBSD 表征图 (图 3.32 ~ 图 3.34)

- 初始样品 XRD 曲线 (图 3.35)

- 冲击波速 – 冲击态粒子速度 (u_s-u_p) 关系图 (图 3.36)

- 冲击应力 – 归一化比容关系图 (图 3.37)

- 层裂实验样品自由面速度时程曲线 (图 3.38)

表 3.14　镁合金 Mg-3Al-1Zn 的基本材料和实验参数

项目	参数详情
制备方式	轧制、退火
成分 (质量分数)/%	Mg(96)；Al(3)；Zn(1)
材料说明	平均晶粒尺寸为 20μm；无明显残余变形；存在典型 HCP 轧制织构，⟨0002⟩ ∥ ND
Hugoniot 实验几何	对称碰撞：镁合金 Mg-3Al-1Zn (ND) 飞片；镁合金 Mg-3Al-1Zn (ND) 基板；镁合金 Mg-3Al-1Zn (ND) 靶板
层裂实验几何	对称碰撞：镁合金 Mg-3Al-1Zn (ND) 飞片；镁合金 Mg-3Al-1Zn (ND) 靶板
晶体结构	HCP
晶格参数	$a = b = 3.20\text{Å}$, $c = 5.19\text{Å}$; $\alpha = \beta = 90°$，$\gamma = 120°$
ρ_0	1.760g·cm^{-3}
C_L (ND)	5.778km·s^{-1}
C_T (ND)	3.114km·s^{-1}
C_B (ND)	4.523km·s^{-1}
ν	0.30
σ_{HEL}	0.21GPa
σ_y	0.12GPa
C_0	$4.56\text{km·s}^{-1}\pm0.02\text{km·s}^{-1}$
s	1.39 ± 0.04
σ_{sp}	0.86~1.15GPa

表 3.15　镁合金 Mg-3Al-1Zn (ND) 的 Hugoniot 实验数据

$u_f/$ (km·s^{-1})	$u_{p_1}/$ (km·s^{-1})	$u_{s_1}/$ (km·s^{-1})	$u_{p_2}/$ (km·s^{-1})	$u_{s_2}/$ (km·s^{-1})	ε	$\rho/$ (g·cm^{-3})	$\sigma/$ GPa
0	0	—	0	—	0	1.760	0
0.331	0.015	6.019	0.166	4.794	0.034	1.844	1.49
0.431	0.021	5.899	0.216	4.836	0.044	1.863	1.97
0.528	0.020	5.920	0.264	4.915	0.053	1.881	2.46
0.655	0.023	5.837	0.327	5.000	0.065	1.904	3.12
0.771	0.020	6.003	0.385	5.091	0.075	1.926	3.78
0.865	0.021	5.901	0.433	5.145	0.084	1.943	4.32

表 3.16　镁合金 Mg-3Al-1Zn (ND) 的层裂实验数据

h_f/ mm	h_t/ mm	u_f/ (km·s^{-1})	σ/ GPa	τ/ μs	$\dot{\varepsilon}$/ (10^5s^{-1})	σ_{sp}/ GPa	a_r/ (10^9m·s^{-2})	Δu_r/ (km·s^{-1})
0.999	1.994	0.264	1.17	0.12	1.27	0.86	0.5	0.053
0.995	1.980	0.346	1.53	0.13	1.34	1.21	0.8	0.087
1.000	2.003	0.420	1.86	0.19	1.30	1.14	1.1	0.107
1.001	2.006	0.553	2.47	0.17	1.53	1.15	1.5	0.134

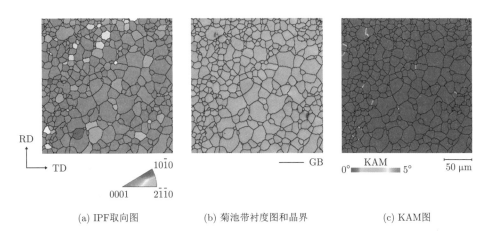

(a) IPF取向图　　　　　(b) 菊池带衬度图和晶界　　　　　(c) KAM图

图 3.32　镁合金 Mg-3Al-1Zn 的 EBSD 表征

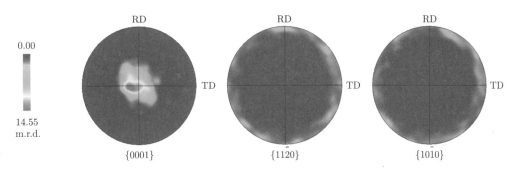

图 3.33　镁合金 Mg-3Al-1Zn 的极图

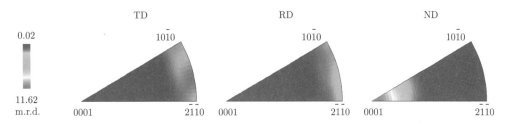

图 3.34　沿 TD、RD 和 ND 方向镁合金 Mg-3Al-1Zn 的反极图

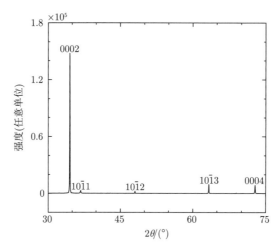

图 3.35　镁合金 Mg-3Al-1Zn 的 XRD 曲线

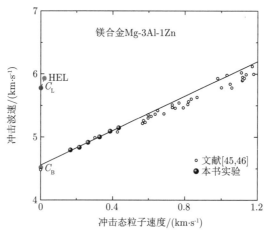

图 3.36　镁合金 Mg-3Al-1Zn (ND) 的冲击波速与冲击态粒子速度关系
实验参数和结果详见表 3.15，文献结果 [45,46] 用于对比

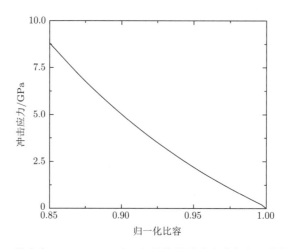

图 3.37　镁合金 Mg-3Al-1Zn (ND) 的峰值冲击应力与归一化比容关系

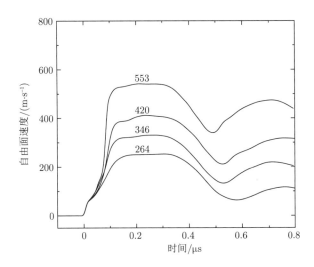

图 3.38　镁合金 Mg-3Al-1Zn (ND) 在不同飞片速度下的自由面速度时程曲线 (层裂实验)
实验参数和结果详见表 3.16

3.6　镁合金 Mg-6Zn-1Zr

数据目录

- 基本材料和实验参数表 (表 3.17)

- Hugoniot 实验数据表 (表 3.18)

- 层裂实验数据表 (表 3.19)

- 初始样品 EBSD 表征图 (图 3.39 ∼ 图 3.41)

- 初始样品 XRD 曲线 (图 3.42)

- 冲击波速 – 冲击态粒子速度 (u_s-u_p) 关系图 (图 3.43)

- 冲击应力 – 归一化比容关系图 (图 3.44)

- 层裂实验样品自由面速度时程曲线 (图 3.45)

表 3.17　镁合金 Mg-6Zn-1Zr 的基本材料和实验参数

项目	参数详情
制备方式 成分 (质量分数)/% 材料说明	轧制、退火 Mg(93.65)；Zn(5.75)；Zr(0.60) 平均晶粒尺寸为 90μm；存在少量孪晶
Hugoniot 实验几何 层裂实验几何	对称碰撞：镁合金 Mg-6Zn-1Zr (ND) 飞片；镁合金 Mg-6Zn-1Zr (ND) 基板；镁合金 　Mg-6Zn-1Zr (ND) 靶板 对称碰撞：镁合金 Mg-6Zn-1Zr (ND) 飞片；镁合金 Mg-6Zn-1Zr (ND) 靶板
晶体结构 晶格参数	HCP $a = b = 3.20$Å，$c = 5.21$Å；$\alpha = \beta = 90°$，$\gamma = 120°$

续表

项目	参数详情
ρ_0	$1.819\text{g}\cdot\text{cm}^{-3}$
C_L (ND)	$5.708\text{km}\cdot\text{s}^{-1}$
C_T (ND)	$3.097\text{km}\cdot\text{s}^{-1}$
C_B (ND)	$4.415\text{km}\cdot\text{s}^{-1}$
ν	0.29
σ_{HEL}	0.25GPa
σ_y	0.15GPa
C_0	$4.46\text{km}\cdot\text{s}^{-1} \pm 0.09\text{km}\cdot\text{s}^{-1}$
s	1.58 ± 0.19
σ_{sp}	$0.82\sim0.91\text{GPa}$

表 3.18　镁合金 Mg-6Zn-1Zr (ND) 的 Hugoniot 实验数据

$u_f/$ $(\text{km}\cdot\text{s}^{-1})$	$u_{p_1}/$ $(\text{km}\cdot\text{s}^{-1})$	$u_{s_1}/$ $(\text{km}\cdot\text{s}^{-1})$	$u_{p_2}/$ $(\text{km}\cdot\text{s}^{-1})$	$u_{s_2}/$ $(\text{km}\cdot\text{s}^{-1})$	ε	$\rho/$ $(\text{g}\cdot\text{cm}^{-3})$	$\sigma/$ GPa
0	0	—	0	—	0	1.819	0
0.325	0.020	5.622	0.162	4.613	0.034	1.884	1.36
0.519	0.018	5.942	0.260	4.952	0.052	1.918	2.34
0.791	0.022	6.196	0.395	5.150	0.076	1.969	3.70
1.159	0.019	5.860	0.579	5.382	0.107	2.038	5.67
1.521	0.038	6.002	0.761	5.620	0.135	2.103	7.77

表 3.19　镁合金 Mg-6Zn-1Zr (ND) 的层裂实验数据

$h_f/$ mm	$h_t/$ mm	$u_f/$ $(\text{km}\cdot\text{s}^{-1})$	$\sigma/$ GPa	$\tau/$ μs	$\dot{\varepsilon}/$ (10^5s^{-1})	$\sigma_{\text{sp}}/$ GPa	$a_r/$ $(10^9\text{m}\cdot\text{s}^{-2})$	$\Delta u_r/$ $(\text{km}\cdot\text{s}^{-1})$
1.002	2.008	0.241	1.08	0.232	1.107	0.82	—	0.022
1.004	2.004	0.301	1.34	0.237	1.520	0.87	0.8	0.063
1.002	2.010	0.440	1.97	0.235	2.023	0.91	1.1	0.115
1.003	2.006	0.602	2.75	0.226	2.194	0.89	1.7	0.130

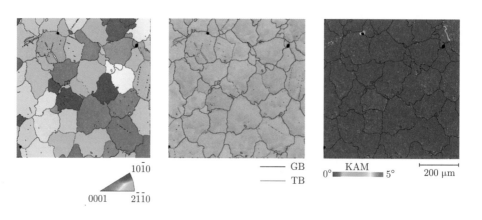

(a) IPF取向图　　　　　(b) 菊池带衬度图和晶界、孪晶界　　　　　(c) KAM图

图 3.39　镁合金 Mg-6Zn-1Zr 的 EBSD 表征

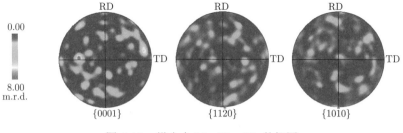

图 3.40 镁合金 Mg-6Zn-1Zr 的极图

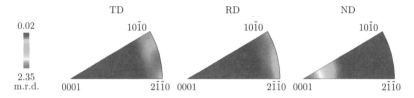

图 3.41 沿 TD、LD 和 BD 方向镁合金 Mg-6Zn-1Zr 的反极图

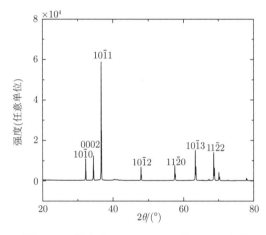

图 3.42 镁合金 Mg-6Zn-1Zr 的 XRD 曲线

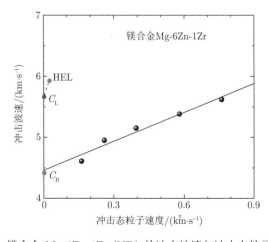

图 3.43 镁合金 Mg-6Zn-1Zr (ND) 的冲击波速与冲击态粒子速度关系

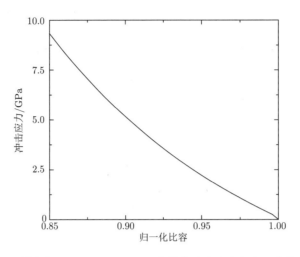

图 3.44　镁合金 Mg-6Zn-1Zr (ND) 的峰值冲击应力与归一化比容关系

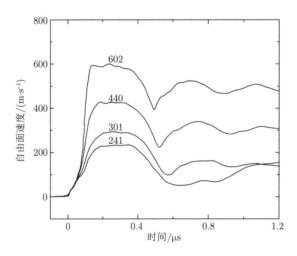

图 3.45　镁合金 Mg-6Zn-1Zr 在不同飞片速度下的自由面速度时程曲线 (层裂实验)
实验参数和结果详见表 3.19

3.7　镁合金 Mg-Zn-Mn

数据目录

- 基本材料和实验参数表 (表 3.20)

- Hugoniot 实验数据表 (表 3.21)

- 层裂实验数据表 (表 3.22)

- 初始样品 EBSD 表征图 (图 3.46 ∼ 图 3.48)

- 初始样品 XRD 曲线 (图 3.49)

- 冲击波速 – 冲击态粒子速度 (u_s-u_p) 关系图 (图 3.50)

- 冲击应力 – 归一化比容关系图 (图 3.51)

- 层裂实验样品自由面速度时程曲线 (图 3.52)

表 3.20 镁合金 Mg-Zn-Mn 的基本材料和实验参数

项目	参数详情
制备方式	轧制、退火
成分 (质量分数)/%	Mg(98.24); Zn(1.49); Mn(0.27)
材料说明	平均晶粒尺寸为 12μm; 存在少量残余变形; 存在 $\{11\bar{2}0\}\langle10\bar{1}0\rangle$ 轧制织构
Hugoniot 实验几何	对称碰撞: 镁合金 Mg-Zn-Mn (ND) 飞片; 镁合金 Mg-Zn-Mn (ND) 基板; 镁合金 Mg-Zn-Mn (ND) 靶板
层裂实验几何	对称碰撞: 镁合金 Mg-Zn-Mn (ND) 飞片; 镁合金 Mg-Zn-Mn (ND) 靶板
晶体结构	HCP
晶格参数	$a = b = 3.20$Å, $c = 5.20$Å; $\alpha = \beta = 90°$, $\gamma = 120°$
ρ_0	1.779g·cm^{-3}
C_L (ND)	5.756km·s^{-1}
C_T (ND)	3.125km·s^{-1}
C_B (ND)	4.485km·s^{-1}
ν	0.29
σ_{HEL}	0.24GPa
σ_y	0.14GPa
C_0	4.54km·s$^{-1}\pm0.05$km·s^{-1}
s	1.74 ± 0.11
σ_{sp}	$0.83\sim0.88$GPa

表 3.21 镁合金 Mg-Zn-Mn (ND) 的 Hugoniot 实验数据

$u_f/$ (km·s^{-1})	$u_{p_1}/$ (km·s^{-1})	$u_{s_1}/$ (km·s^{-1})	$u_{p_2}/$ (km·s^{-1})	$u_{s_2}/$ (km·s^{-1})	ε	$\rho/$ (g·cm^{-3})	$\sigma/$ GPa
0	0	—	0	—	0	1.779	0
0.318	0.022	5.758	0.159	4.777	0.032	1.839	1.35
0.534	0.017	5.542	0.267	5.075	0.052	1.877	2.41
0.793	0.024	6.083	0.397	5.218	0.075	1.924	3.68
1.166	0.023	6.366	0.583	5.530	0.105	1.988	5.74
1.536	0.027	6.293	0.768	5.888	0.130	2.045	8.04

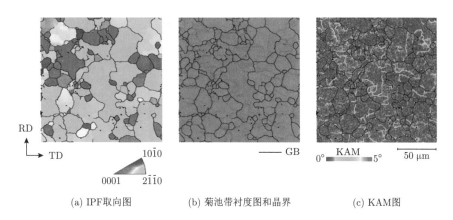

(a) IPF取向图   (b) 菊池带衬度图和晶界   (c) KAM图

图 3.46 镁合金 Mg-Zn-Mn 的 EBSD 表征

表 3.22　镇合金 Mg-Zn-Mn (ND) 的层裂实验数据

$h_f/$ mm	$h_t/$ mm	$u_f/$ $(km \cdot s^{-1})$	$\sigma/$ GPa	$\tau/$ μs	$\dot{\varepsilon}/$ $(10^5 s^{-1})$	$\sigma_{sp}/$ GPa	$a_r/$ $(10^9 m \cdot s^{-2})$	$\Delta u_r/$ $(km \cdot s^{-1})$
0.998	1.996	0.228	1.01	0.25	1.27	0.83	—	—
1.001	1.996	0.309	1.37	0.24	1.83	0.87	1.0	0.081
0.999	2.003	0.448	2.01	0.24	2.28	0.87	1.2	0.129
1.003	2.006	0.602	2.75	0.24	2.30	0.88	1.4	0.127

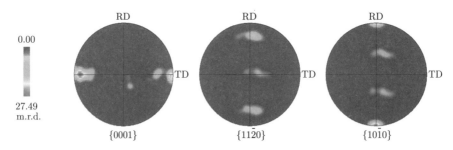

图 3.47　镇合金 Mg-Zn-Mn 的极图

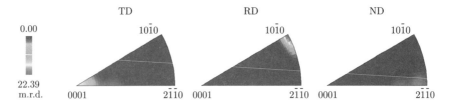

图 3.48　沿 TD、RD 和 ND 方向镇合金 Mg-Zn-Mn 的反极图

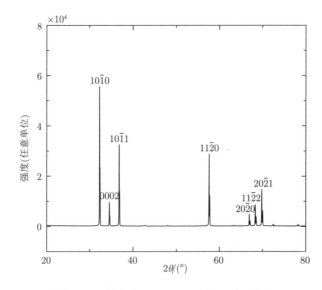

图 3.49　镇合金 Mg-Zn-Mn 的 XRD 曲线

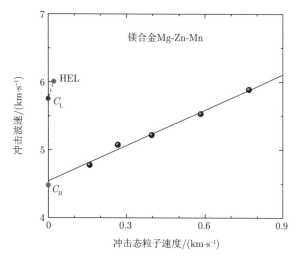

图 3.50　镁合金 Mg-Zn-Mn (ND) 的冲击波速与冲击态粒子速度关系

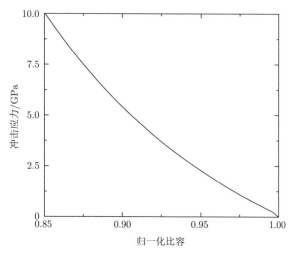

图 3.51　镁合金 Mg-Zn-Mn (ND) 的峰值冲击应力与归一化比容关系

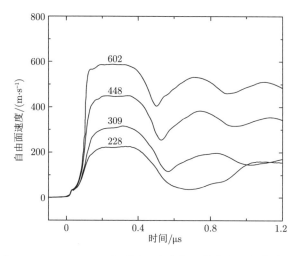

图 3.52　镁合金 Mg-Zn-Mn (ND) 在不同飞片速度下的自由面速度时程曲线 (层裂实验)
实验参数和结果详见表 3.22

3.8　镁合金 Mg-6Gd-3Y-0.5Zr

数据目录

表 3.23　镁合金 Mg-6Gd-3Y-0.5Zr 基本材料和实验参数

项目	参数详情
制备方式	铸造
成分 (质量分数)/%	Mg (90.62); Gd (5.64); Y (3.21); Zr(0.52)
材料说明	存在富 Gd、Y 的 $Mg_3(Gd, Y)$ 相和富 Zr 析出相；基体相的平均晶粒尺寸为 48μm
Hugoniot 实验几何	反碰法：镁合金 Mg-6Gd-3Y-0.5Zr 飞片；PMMA 靶板 阻抗匹配：OFHC Cu 飞片；镁合金 Mg-6Gd-3Y-0.5Zr 基板；镁合金 Mg-6Gd-3Y-0.5Zr 靶板
层裂实验几何	对称碰撞：镁合金 Mg-6Gd-3Y-0.5Zr 飞片；镁合金 Mg-6Gd-3Y-0.5Zr 靶板
晶体结构	HCP
晶格参数	$a = b = 3.22$Å, $c = 5.23$Å; $\alpha = \beta = 90°$, $\gamma = 120°$
ρ_0	1.860g·cm^{-3}
C_L	5.642km·s^{-1}
C_T	3.082km·s^{-1}
C_B	4.378km·s^{-1}
ν	0.29
σ_{HEL}	0.36GPa
σ_y	0.22GPa
C_0	4.40km·s^{-1}±0.03km·s^{-1}
s	1.30±0.05
σ_{sp}	0.99～1.11GPa

表 3.24　镁合金 Mg-6Gd-3Y-0.5Zr 的 Hugoniot 实验数据 (反碰法)

u_f/ (km·s^{-1})	u_{p1}/ (km·s^{-1})	u_{s1}/ (km·s^{-1})	u_{p2}/ (km·s^{-1})	u_{s2}/ (km·s^{-1})	ε	ρ/ (g·cm^{-3})	σ/ GPa
0	0	—	0	—	0	1.860	0
0.308	—	—	0.097	4.517	0.021	1.889	0.81
0.591	—	—	0.186	4.649	0.040	1.925	1.59

表 3.25　镁合金 Mg-6Gd-3Y-0.5Zr 的 Hugoniot 实验数据 (阻抗匹配)

$u_f/$ $(km\cdot s^{-1})$	$u_{p1}/$ $(km\cdot s^{-1})$	$u_{s1}/$ $(km\cdot s^{-1})$	$u_{p2}/$ $(km\cdot s^{-1})$	$u_{s2}/$ $(km\cdot s^{-1})$	ε	$\rho/$ $(g\cdot cm^{-3})$	$\sigma/$ GPa
0	0	—	0	—	0	1.860	0
0.349	0.031	5.777	0.277	4.768	0.057	1.960	2.58
0.514	0.035	5.712	0.409	4.910	0.082	2.014	3.82
0.726	0.034	5.700	0.574	5.185	0.110	2.077	5.63
0.922	0.036	5.768	0.729	5.326	0.136	2.140	7.26

表 3.26　镁合金 Mg-6Gd-3Y-0.5Zr 的层裂实验数据

$h_f/$ mm	$h_t/$ mm	$u_f/$ $(km\cdot s^{-1})$	$\sigma/$ GPa	$\tau/$ μs	$\dot{\varepsilon}/$ $(10^5 s^{-1})$	$\sigma_{sp}/$ GPa	$a_r/$ $(10^9 m\cdot s^{-2})$	$\Delta u_r/$ $(km\cdot s^{-1})$
1.015	2.013	0.244	1.14	0.21	1.21	—	—	—
1.005	2.020	0.270	1.25	0.19	1.36	0.99	0.2	0.027
1.006	1.996	0.299	1.39	0.21	1.60	1.03	0.5	0.071
1.032	1.990	0.374	1.73	0.20	1.83	1.04	0.8	0.126
1.001	1.982	0.441	2.04	0.13	1.91	1.08	1.0	0.151
1.017	2.027	0.488	2.26	0.21	1.96	1.10	1.2	0.172
1.006	1.983	0.607	2.83	0.18	2.19	1.11	1.7	0.154

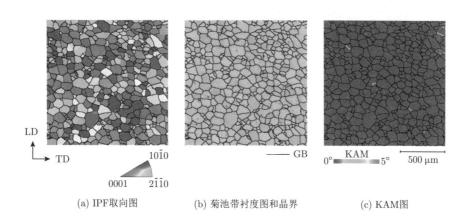

(a) IPF取向图　　　　　　(b) 菊池带衬度图和晶界　　　　　(c) KAM图

图 3.53　镁合金 Mg-6Gd-3Y-0.5Zr 的 EBSD 表征

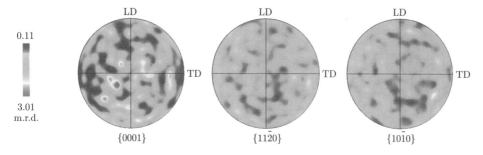

图 3.54　镁合金 Mg-6Gd-3Y-0.5Zr 的极图

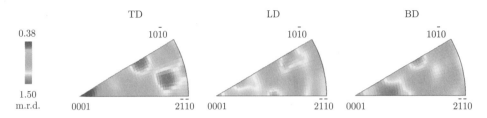

图 3.55　沿 TD、LD 和 BD 方向镁合金 Mg-6Gd-3Y-0.5Zr 的反极图

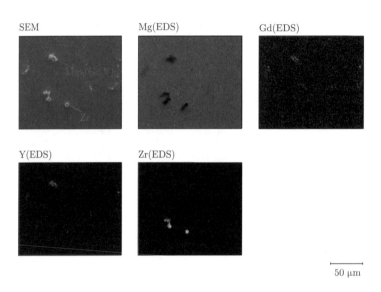

图 3.56　镁合金 Mg-6Gd-3Y-0.5Zr 的 SEM 图像和 EDS 图

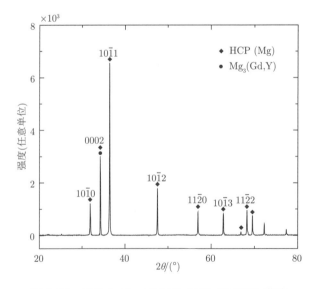

图 3.57　镁合金 Mg-6Gd-3Y-0.5Zr 的 XRD 曲线

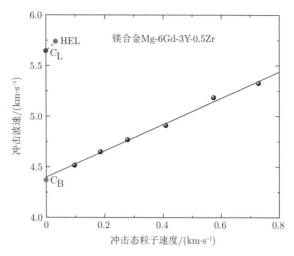

图 3.58　镁合金 Mg-6Gd-3Y-0.5Zr 的冲击波速与冲击态粒子速度关系

实验参数和结果详见表 3.24 ~ 表 3.25

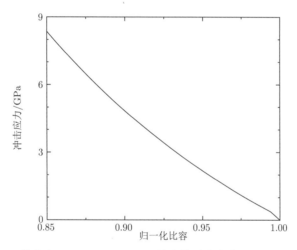

图 3.59　镁合金 Mg-6Gd-3Y-0.5Zr 的峰值冲击应力与归一化比容关系

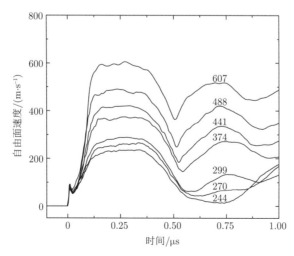

图 3.60　镁合金 Mg-6Gd-3Y-0.5Zr 在不同飞片速度下的自由面速度时程曲线 (层裂实验)

实验参数和结果详见表 3.26

3.9　镍合金 Inconel 718

数据目录

表 3.27　镍合金 Inconel 718 基本材料和实验参数

项目	参数详情
制备方式	轧制、固溶
成分 (质量分数)/%	Ni(51.38); Cr(19.69); Fe(18.56); Nb(5.26); Mo(3.35); Ti(1.03); Al(0.73)
材料说明	存在退火孪晶；平均晶粒尺寸为 18μm；存在 ⟨110⟩ ∥ RD 织构
Hugoniot 实验几何	阻抗匹配：OFHC Cu 飞片；OFHC Cu 基板；镍合金 Inconel 718 靶板
层裂实验几何	对称碰撞：镍合金 Inconel 718 飞片；镍合金 Inconel 718 靶板
晶体结构	FCC
晶格参数	$a = b = c = 3.61$Å；$\alpha = \beta = \gamma = 90°$
ρ_0	8.220g·cm^{-3}
C_L (ND)	5.818km·s^{-1}
C_T (ND)	3.049km·s^{-1}
C_B (ND)	4.632km·s^{-1}
ν	0.31
σ_{HEL}	1.98GPa
σ_y	1.12GPa
C_0	4.61km·s^{-1}±0.02km·s^{-1}
s	1.56±0.06
σ_{sp}	3.43∼3.67GPa

表 3.28　镍合金 Inconel 718 的 Hugoniot 实验数据

u_f/ (km·s^{-1})	u_{p1}/ (km·s^{-1})	u_{s1}/ (km·s^{-1})	u_{p2}/ (km·s^{-1})	u_{s2}/ (km·s^{-1})	ε	ρ/ (g·cm^{-3})	σ/ GPa
0	0	—	0	—	0	8.220	0
0.347	0.041	5.929	0.163	4.851	0.032	8.493	6.87
0.451	0.042	5.851	0.215	4.941	0.042	8.582	9.03
0.497	0.044	5.926	0.237	4.980	0.046	8.618	10.03
0.614	0.041	5.836	0.296	5.058	0.057	8.721	12.54
0.712	0.043	5.890	0.343	5.158	0.065	8.796	14.78
0.824	0.044	5.892	0.398	5.247	0.075	8.887	17.39
0.986	0.031	5.858	0.480	5.336	0.090	9.028	21.18

表 3.29　镍合金 Inconel 718 的层裂实验数据

$h_f/$ mm	$h_t/$ mm	$u_f/$ (km·s^{-1})	$\sigma/$ GPa	$\tau/$ μs	$\dot{\varepsilon}/$ (10^5s^{-1})	$\sigma_{sp}/$ GPa	$a_r/$ (10^9m·s^{-2})	$\Delta u_r/$ (km·s^{-1})
1.005	2.003	0.248	5.25	0.20	1.08	3.44	0.1	0.008
1.009	1.994	0.303	6.37	0.19	1.18	3.43	0.2	0.037
1.003	2.005	0.390	8.19	0.18	1.34	3.51	0.4	0.091
1.008	2.005	0.500	10.54	0.16	1.55	3.59	0.7	0.119
1.011	2.002	0.628	13.40	0.18	1.62	3.64	0.8	0.126
1.007	2.003	0.737	15.92	0.20	1.72	3.65	1.3	0.130
1.006	1.999	0.790	17.17	0.19	1.75	3.66	1.4	0.135

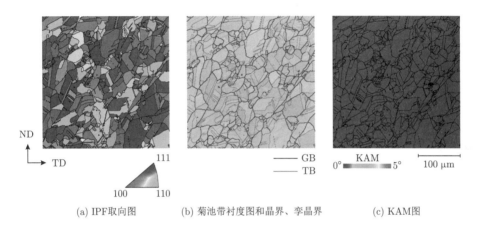

(a) IPF取向图　　　　(b) 菊池带衬度图和晶界、孪晶界　　　　(c) KAM图

图 3.61　镍合金 Inconel 718 的 EBSD 表征

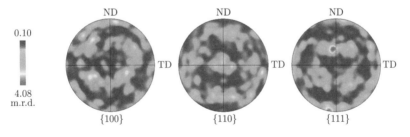

图 3.62　镍合金 Inconel 718 的极图

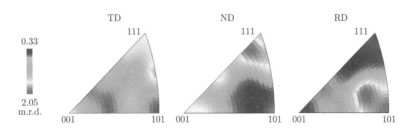

图 3.63　沿 TD、ND 和 RD 方向镍合金 Inconel 718 的反极图

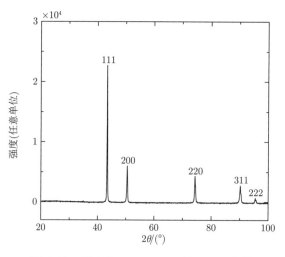

图 3.64　镍合金 Inconel 718 的 XRD 曲线

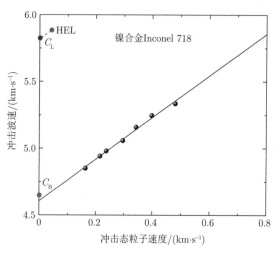

图 3.65　镍合金 Inconel 718 的冲击波速与冲击态粒子速度关系
实验参数和结果详见表 3.28

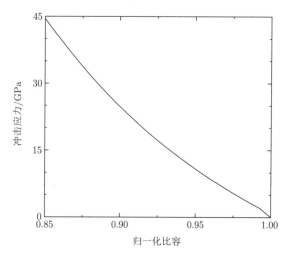

图 3.66　镍合金 Inconel 718 的峰值冲击应力与归一化比容关系

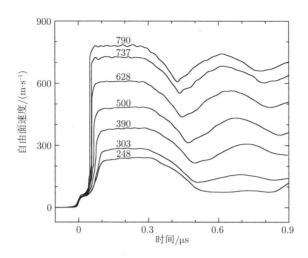

图 3.67 镍合金 Inconel 718 在不同飞片速度下的自由面速度时程曲线 (层裂实验)

实验参数和结果详见表 3.29

3.10 钢：2205 双相不锈钢

数据目录

- 基本材料和实验参数表 (表 3.30)

- Hugoniot 实验数据表 (表 3.31)

- 层裂实验数据表 (表 3.32 ∼ 表3.34)

- 初始样品 EBSD 表征图 (图 3.68 ∼ 图 3.70)

- 初始样品 XRD 曲线 (图 3.71)

- 冲击波速 – 冲击态粒子速度 (u_{s}-u_{p}) 关系图 (图 3.72)

- 冲击应力 – 归一化比容关系图 (图 3.73)

- 层裂实验样品自由面速度时程曲线 (图 3.74 ∼ 图 3.77)

表 3.30 2205 双相不锈钢 (DSS) 的基本材料和实验参数

项目	参数详情
制备方式	轧制、退火
成分 (质量分数)/%	Fe(69.32); Cr(22.0); Ni(5.4); Mo(3.1); N(0.16); C(0.02)
材料说明	BCC/FCC 双相结构, α 相 (BCC) 和 γ 相 (FCC) 体积占比近似; 存在退火孪晶; 平均晶粒尺寸为 10μm; α 相存在 $\{001\}\langle110\rangle$ 轧制织构; γ 相存在 $\{110\}\langle001\rangle$ 轧制织构
Hugoniot 实验几何	阻抗匹配: OFHC Cu 飞片; OFHC Cu 基板; 2205 DSS (ND) 靶板
层裂实验几何	对称碰撞: 2205 DSS 飞片; 2205 DSS 靶板
晶体结构	BCC 和 FCC
晶格参数 (BCC)	$a = b = c = 2.88\text{Å}$; $\alpha = \beta = \gamma = 90°$
晶格参数 (FCC)	$a = b = c = 3.62\text{Å}$; $\alpha = \beta = \gamma = 90°$
ρ_0	7.849g·cm^{-3}

项目	参数详情
C_L (ND)	$5.770 \mathrm{km \cdot s^{-1}}$
C_T (ND)	$3.163 \mathrm{km \cdot s^{-1}}$
C_L (TD)	$6.067 \mathrm{km \cdot s^{-1}}$
C_T (TD)	$3.201 \mathrm{km \cdot s^{-1}}$
C_L (RD)	$5.898 \mathrm{km \cdot s^{-1}}$
C_T (RD)	$3.335 \mathrm{km \cdot s^{-1}}$
C_B	$4.810 \mathrm{km \cdot s^{-1}}$
ν	0.29
σ_{HEL}	1.15GPa
σ_y	0.68GPa
C_0	$4.62 \mathrm{km \cdot s^{-1}} \pm 0.02 \mathrm{km \cdot s^{-1}}$
s	1.72 ± 0.06
σ_{sp}	$3.30 \sim 5.00$GPa

表 3.31　2205 DSS (ND) 的 Hugoniot 实验数据

$u_f/$ $(\mathrm{km \cdot s^{-1}})$	$u_{p_1}/$ $(\mathrm{km \cdot s^{-1}})$	$u_{s_1}/$ $(\mathrm{km \cdot s^{-1}})$	$u_{p_2}/$ $(\mathrm{km \cdot s^{-1}})$	$u_{s_2}/$ $(\mathrm{km \cdot s^{-1}})$	ε	$\rho/$ $(\mathrm{g \cdot cm^{-3}})$	$\sigma/$ GPa
0	0	—	0	—	0	7.849	0
0.366	0.029	5.706	0.178	4.917	0.035	8.105	7.03
0.435	0.030	5.863	0.212	4.997	0.042	8.156	8.48
0.507	0.029	5.884	0.248	5.052	0.048	8.214	9.97
0.613	0.032	5.850	0.301	5.143	0.058	8.297	12.24
0.800	0.032	5.920	0.394	5.296	0.074	8.441	16.46

表 3.32　2205 DSS (ND) 的层裂实验数据

$h_f/$ mm	$h_t/$ mm	$u_f/$ $(\mathrm{km \cdot s^{-1}})$	$\sigma/$ GPa	$\tau/$ μs	$\dot{\varepsilon}/$ $(10^5 \mathrm{s^{-1}})$	$\sigma_{sp}/$ GPa	$a_r/$ $(10^9 \mathrm{m \cdot s^{-2}})$	$\Delta u_r/$ $(\mathrm{km \cdot s^{-1}})$
1.5	3.0	0.225	4.50	0.21	0.26	—	—	—
1.5	3.0	0.238	4.76	0.27	0.17	3.30	—	—
1.5	3.0	0.455	9.15	0.21	0.66	4.90	1.1	0.187

表 3.33　2205 DSS (TD) 的层裂实验数据

$h_f/$ mm	$h_t/$ mm	$u_f/$ $(\mathrm{km \cdot s^{-1}})$	$\sigma/$ GPa	$\tau/$ μs	$\dot{\varepsilon}/$ $(10^5 \mathrm{s^{-1}})$	$\sigma_{sp}/$ GPa	$a_r/$ $(10^9 \mathrm{m \cdot s^{-2}})$	$\Delta u_r/$ $(\mathrm{km \cdot s^{-1}})$
1.5	3.0	0.268	5.35	0.24	0.22	—	—	—
1.5	3.0	0.278	5.54	0.25	0.08	4.40	—	—
1.5	3.0	0.443	8.90	0.19	0.99	5.00	0.5	0.128

表 3.34　2205 DSS (RD) 的层裂实验数据

$h_f/$ mm	$h_t/$ mm	$u_f/$ $(\mathrm{km \cdot s^{-1}})$	$\sigma/$ GPa	$\tau/$ μs	$\dot{\varepsilon}/$ $(10^5 \mathrm{s^{-1}})$	$\sigma_{sp}/$ GPa	$a_r/$ $(10^9 \mathrm{m \cdot s^{-2}})$	$\Delta u_r/$ $(\mathrm{km \cdot s^{-1}})$
1.5	3.0	0.305	6.08	0.20	0.36	—	—	—
1.5	3.0	0.325	6.48	0.25	0.82	5.00	—	—
1.5	3.0	0.435	8.73	0.22	1.16	4.90	0.8	0.136

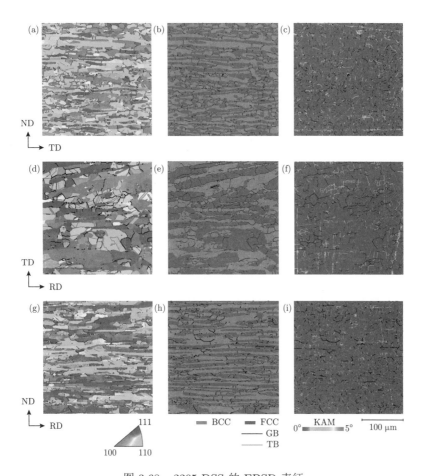

图 3.68　2205 DSS 的 EBSD 表征

(a)、(d) 和 (g) 均为 IPF 取向图，(b)、(e) 和 (h) 均为相图和晶界、孪晶界，(c)、(f) 和 (i) 均为 KAM 图

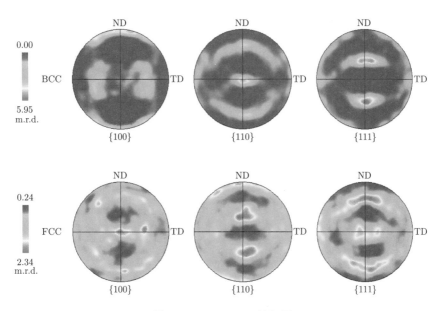

图 3.69　2205 DSS 的极图

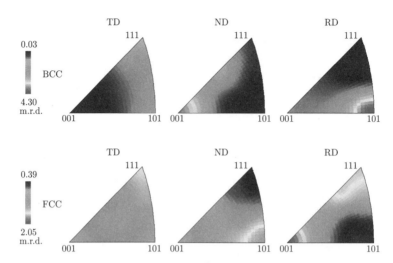

图 3.70　沿 TD、ND 和 RD 方向 2205 DSS 的反极图

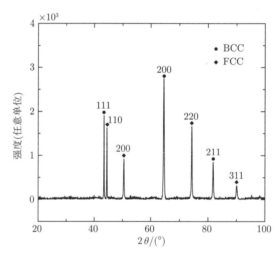

图 3.71　2205 DSS 的 XRD 表征

BCC/FCC 双相近似满足 Kurdjumov-Sachs(库久莫夫 – 萨克斯) 取向关系 $\{110\}_{BCC} \parallel \{111\}_{FCC}$

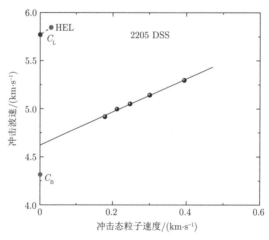

图 3.72　2205 DSS (ND) 的冲击波速与冲击态粒子速度关系

实验参数和结果详见表 3.31

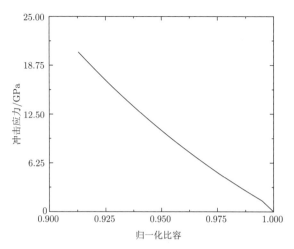

图 3.73　2205 DSS (ND) 的峰值冲击应力与归一化比容关系

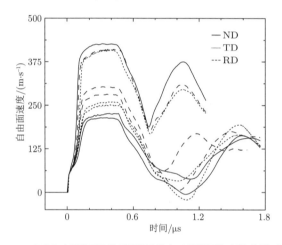

图 3.74　2205 DSS 在不同飞片速度下的自由面速度时程曲线 (层裂实验)

实验参数和结果详见表 3.32 ~ 表 3.34

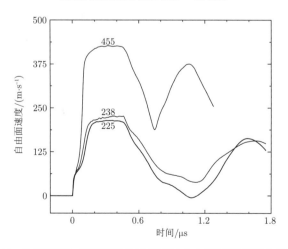

图 3.75　2205 DSS(ND) 在不同飞片速度下的自由面速度时程曲线 (层裂实验)

实验参数和结果详见表 3.32

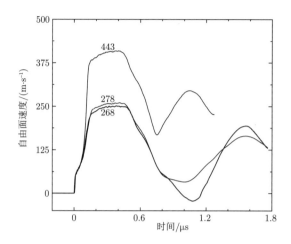

图 3.76   2205 DSS(TD) 在不同飞片速度下的自由面速度时程曲线 (层裂实验)
实验参数和结果详见表 3.33

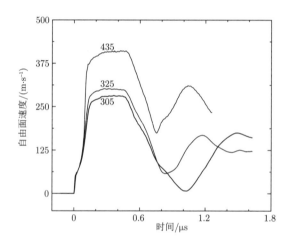

图 3.77   2205 DSS(RD) 在不同飞片速度下的自由面速度时程曲线 (层裂实验)
实验参数和结果详见表 3.34

3.11   钢：304 不锈钢

数据目录

- 基本材料和实验参数表 (表 3.35)

- Hugoniot 实验数据表 (表 3.36)

- 层裂实验数据表 (表 3.37 和表 3.38)

- 初始样品 EBSD 表征图 (图 3.78 ~ 图 3.80)

- 初始样品 XRD 曲线 (图 3.81)

- 冲击波速 – 冲击态粒子速度 (u_s-u_p) 关系图 (图 3.82)

- 冲击应力 – 归一化比容关系图 (图 3.83)

- 层裂实验样品自由面速度时程曲线 (图 3.84 ~ 图 3.86)

表 3.35　304 不锈钢的基本材料和实验参数

项目	参数详情
制备方式	轧制、退火
成分 (质量分数)/%	Fe(72.23); Cr(17.27); Ni(8.31); Mn(1.63); Si(0.56)
材料说明	BCC/FCC 双相结构，两相体积分数分别为 2% 和 98%；存在退火孪晶；平均晶粒尺寸为 15μm；存在少量残余变形
Hugoniot 实验几何	阻抗匹配：OFHC Cu 飞片；OFHC Cu 基板；304 不锈钢 (ND) 靶板
层裂实验几何	对称碰撞：304 不锈钢 (ND) 飞片；304 不锈钢 (ND) 靶板
晶体结构	BCC 和 FCC
晶格参数 (BCC)	$a = b = c = 2.88\text{Å}$；$\alpha = \beta = \gamma = 90°$
晶格参数 (FCC)	$a = b = c = 3.59\text{Å}$；$\alpha = \beta = \gamma = 90°$
ρ_0	7.931g·cm^{-3}
C_L (RD)	5.782km·s^{-1}
C_T (RD)	3.171km·s^{-1}
C_B (RD)	4.474km·s^{-1}
C_L (ND)	5.744km·s^{-1}
C_T (ND)	3.158km·s^{-1}
C_B (ND)	4.439km·s^{-1}
ν	0.29
σ_{HEL}	1.08GPa
σ_y	0.64GPa
C_0	$4.39\text{km·s}^{-1}\pm0.03\text{km·s}^{-1}$
s	1.60 ± 0.06
σ_{sp}	2.13~2.40GPa

表 3.36　304 不锈钢 (ND) 的 Hugoniot 实验数据

$u_f/$ (km·s^{-1})	$u_{p1}/$ (km·s^{-1})	$u_{s1}/$ (km·s^{-1})	$u_{p2}/$ (km·s^{-1})	$u_{s2}/$ (km·s^{-1})	ε	$\rho/$ (g·cm^{-3})	$\sigma/$ GPa
0	0	—	0	—	0	7.931	0
0.362	0.015	5.802	0.181	4.678	0.038	8.180	6.79
0.535	0.017	5.754	0.269	4.816	0.055	8.329	10.30
0.684	0.023	5.817	0.343	4.944	0.069	8.450	13.51
0.931	0.023	5.751	0.452	5.168	0.087	8.619	19.88
1.207	0.023	5.697	0.609	5.351	0.114	8.877	25.76

表 3.37　304 不锈钢 (RD) 的层裂实验数据

$h_f/$ mm	$h_t/$ mm	$u_f/$ (km·s^{-1})	$\sigma/$ GPa	$\tau/$ μs	$\dot{\varepsilon}/$ (10^{5}s^{-1})	$\sigma_{sp}/$ GPa	$a_r/$ (10^{9}m·s^{-2})	$\Delta u_r/$ (km·s^{-1})
0.750	1.520	0.196	3.57	0.13	0.75	2.17	0.2	0.010
0.760	1.530	0.248	4.75	0.13	0.87	2.34	0.6	0.022
0.750	1.510	0.300	5.54	0.11	0.91	2.31	0.6	0.014
0.760	1.520	0.365	6.72	0.12	0.95	2.22	0.8	0.024
0.770	1.540	0.414	7.68	0.13	1.08	2.32	1.5	0.028
0.760	1.550	0.489	9.37	0.13	1.29	2.36	1.6	0.025

表 3.38　　304 不锈钢 (ND) 的层裂实验数据

$h_f/$ mm	$h_t/$ mm	$u_f/$ (km·s^{-1})	$\sigma/$ GPa	$\tau/$ µs	$\dot{\varepsilon}/$ (10^5s^{-1})	$\sigma_{sp}/$ GPa	$a_r/$ (10^9m·s^{-2})	$\Delta u_r/$ (km·s^{-1})
0.760	1.530	0.198	3.66	0.15	0.73	2.13	0.1	0.054
0.770	1.550	0.252	4.67	0.12	0.85	2.18	0.1	0.021
0.770	1.540	0.303	5.52	0.12	0.96	2.39	0.1	0.052
0.780	1.550	0.370	7.06	0.14	1.08	2.40	0.2	0.063
0.760	1.560	0.410	7.87	0.11	1.10	2.39	0.5	0.053
0.770	1.550	0.460	8.83	0.13	1.24	2.21	0.9	0.040

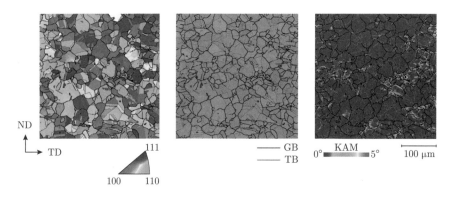

(a) IPF取向图　　　　　　(b) 菊池带衬度图和晶界、孪晶界　　　　　(c) KAM图

图 3.78　　304 不锈钢的 EBSD 表征

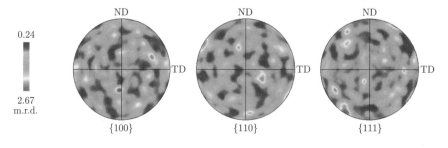

图 3.79　　304 不锈钢的极图

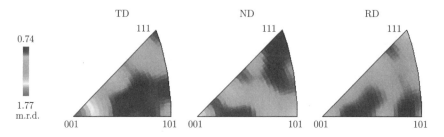

图 3.80　　沿 TD、ND 和 RD 方向 304 不锈钢的反极图

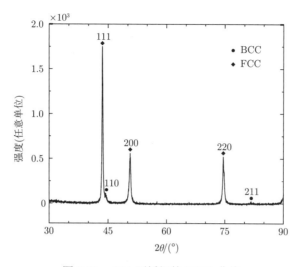

图 3.81 304 不锈钢的 XRD 曲线

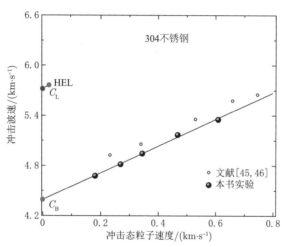

图 3.82 304 不锈钢 (ND) 的冲击波速与冲击态粒子速度关系

实验参数和结果详见表 3.36，文献结果[45,46] 用于对比

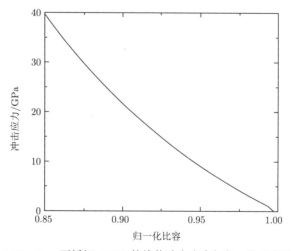

图 3.83 304 不锈钢 (ND) 的峰值冲击应力与归一化比容关系

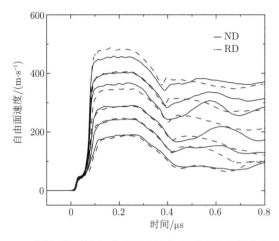

图 3.84　　304 不锈钢在不同飞片速度下的自由面速度时程曲线 (层裂实验)

实验参数和结果详见表 3.37 ～ 表 3.38

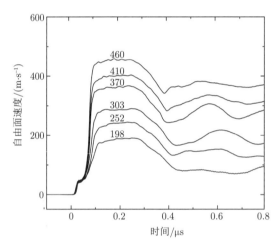

图 3.85　　304 不锈钢 (ND) 在不同飞片速度下的自由面速度时程曲线 (层裂实验)

实验参数和结果详见表 3.38

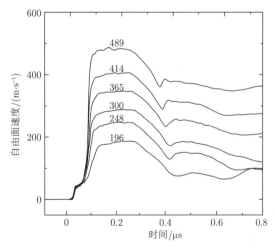

图 3.86　　304 不锈钢 (RD) 在不同飞片速度下的自由面速度时程曲线 (层裂实验)

实验参数和结果详见表 3.37

3.12 钢：316L 不锈钢

数据目录

- 基本材料和实验参数表 (表 3.39)

- Hugoniot 实验数据表 (表 3.40)

- 层裂实验数据表 (表 3.41)

- 初始样品 EBSD 表征图 (图 3.87 ~ 图 3.89)

- 初始样品 XRD 曲线 (图 3.90)

- 冲击波速 – 冲击态粒子速度 (u_s-u_p) 关系图 (图 3.91)

- 冲击应力 – 归一化比容关系图 (图 3.92)

- 层裂实验样品自由面速度时程曲线 (图 3.93)

表 3.39　316L 不锈钢的基本材料和实验参数

项目	参数详情
制备方式	轧制、退火
成分 (质量分数)/%	Fe(68.92); Cr(17.97); Ni(10.46); Mo(2.23); Si(0.36); C(0.03); P(0.03)
材料说明	存在退火孪晶；平均晶粒尺寸为 56μm
Hugoniot 实验几何	阻抗匹配：OFHC Cu 飞片；OFHC Cu 基板；316L 不锈钢靶板
层裂实验几何	对称碰撞：316L 不锈钢飞片；316L 不锈钢靶板
晶体结构	FCC
晶格参数	$a = b = c = 3.59$Å; $\alpha = \beta = \gamma = 90°$
ρ_0	7.919g·cm^{-3}
C_L	5.732km·s^{-1}
C_T	3.121km·s^{-1}
C_B	4.458km·s^{-1}
ν	0.29
σ_{HEL}	1.00GPa
σ_y	0.59GPa
C_0	4.45km·s^{-1}±0.06km·s^{-1}
s	1.56±0.17
σ_{sp}	2.47~2.75GPa

表 3.40　316L 不锈钢的 Hugoniot 实验数据

$u_f/$ (km·s^{-1})	$u_{p_1}/$ (km·s^{-1})	$u_{s_1}/$ (km·s^{-1})	$u_{p_2}/$ (km·s^{-1})	$u_{s_2}/$ (km·s^{-1})	ε	$\rho/$ (g·cm^{-3})	$\sigma/$ GPa
0	0	—	0	—	0	7.919	0
0.318	0.021	5.729	0.157	4.700	0.033	8.142	5.99
0.511	0.018	5.729	0.255	4.817	0.052	8.323	9.83
0.722	0.025	5.840	0.358	5.039	0.070	8.598	14.55
0.867	0.023	5.759	0.433	5.106	0.084	8.708	17.73

表 3.41　　316L 不锈钢的层裂实验数据

$h_f/$ mm	$h_t/$ mm	$u_f/$ (km·s^{-1})	$\sigma/$ GPa	$\tau/$ μs	$\dot{\varepsilon}/$ (10^5s^{-1})	$\sigma_{sp}/$ GPa	$a_r/$ (10^8 m·s^{-2})	$\Delta u_r/$ (km·s^{-1})
1.008	2.015	0.303	5.81	0.17	0.96	2.47	5.1	0.126
1.014	2.012	0.497	9.68	0.17	1.09	2.56	4.2	0.131
1.016	2.004	0.687	13.70	0.17	1.35	2.75	7.6	0.140

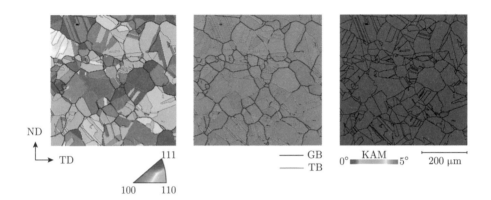

(a) IPF取向图　　　　(b) 菊池带衬度图和晶界、孪晶界　　　　(c) KAM图

图 3.87　　316L 不锈钢的 EBSD 表征

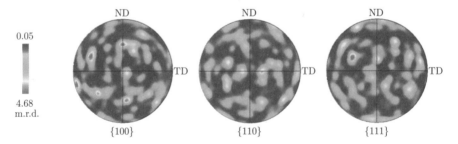

图 3.88　　316L 不锈钢的极图

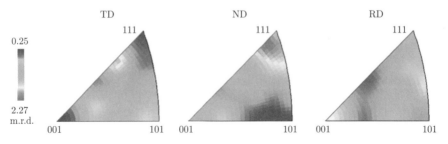

图 3.89　　沿 TD、ND 和 RD 方向 316L 不锈钢的反极图

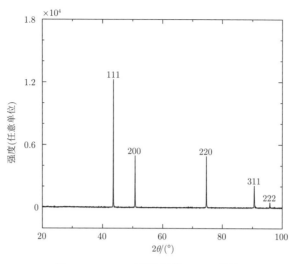

图 3.90　316L 不锈钢的 XRD 曲线

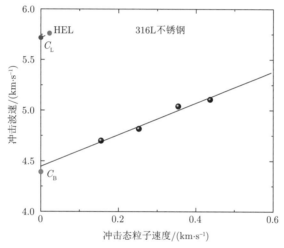

图 3.91　316L 不锈钢的冲击波速与冲击态粒子速度关系
实验参数和结果详见表 3.40

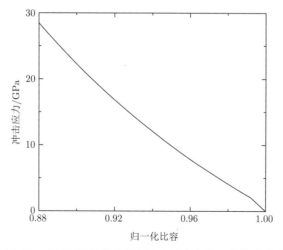

图 3.92　316L 不锈钢的峰值冲击应力与归一化比容关系

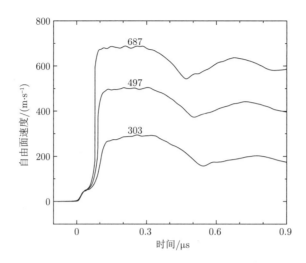

图 3.93　316L 不锈钢在不同飞片速度下的自由面速度时程曲线 (层裂实验)

实验参数和结果详见表 3.41

3.13　钢：Q235

数据目录

- 基本材料和实验参数表 (表 3.42)

- Hugoniot 实验数据表 (表 3.43)

- 层裂实验数据表 (表 3.44 和表 3.45)

- 初始样品 EBSD 表征图 (图 3.94 ~ 图 3.96)

- 初始样品 XRD 曲线 (图 3.97)

- 冲击波速 – 冲击态粒子速度 $(u_s\text{-}u_p)$ 关系图 (图 3.98)

- 冲击应力 – 归一化比容关系图 (图 3.99)

- 层裂实验样品自由面速度时程曲线 (图 3.100 和图 3.101)

表 3.42　Q235 钢的基本材料和实验参数

项目	参数详情
制备方式	铸造
成分 (质量分数)/%	Fe(98.15); Mn(1.30); Si(0.30); C(0.17); S(0.04); P(0.04)
材料说明	平均晶粒尺寸为 20μm
Hugoniot 实验几何	阻抗匹配：OFHC Cu 飞片；Q235 钢基板；Q235 钢靶板
层裂实验几何	对称碰撞：Q235 钢飞片；Q235 钢靶板
晶体结构	BCC
晶格参数	$a = b = c = 2.87\text{Å}$；$\alpha = \beta = \gamma = 90°$
ρ_0	7.846g·cm^{-3}

项目	参数详情
C_L	$5.948\mathrm{km\cdot s^{-1}}$
C_T	$3.232\mathrm{km\cdot s^{-1}}$
C_B	$4.632\mathrm{km\cdot s^{-1}}$
ν	0.29
σ_{HEL}	1.83GPa
σ_y	1.0GPa
C_0	$4.39\mathrm{km\cdot s^{-1}}\pm0.13\mathrm{km\cdot s^{-1}}$
s	2.06 ± 0.52
σ_{sp}	$1.58\sim2.21\mathrm{GPa}$

表 3.43　Q235 钢的 Hugoniot 实验数据

$u_f/$ (km·s^{-1})	$u_{p_1}/$ (km·s^{-1})	$u_{s_1}/$ (km·s^{-1})	$u_{p_2}/$ (km·s^{-1})	$u_{s_2}/$ (km·s^{-1})	ε	$\rho/$ (g·cm^{-3})	$\sigma/$ GPa
0	0	—	0	—	0	7.846	0
0.322	0.036	6.359	0.158	4.689	0.032	8.079	6.12
0.446	0.037	6.301	0.221	4.884	0.044	8.177	8.59
0.604	0.039	6.215	0.301	4.989	0.060	8.311	11.86

表 3.44　Q235 钢的层裂实验数据 (一)

$h_f/$ mm	$h_t/$ mm	$u_f/$ (km·s^{-1})	$\sigma/$ GPa	$\tau/$ μs	$\dot{\varepsilon}/$ (10^4 s^{-1})	$\sigma_{sp}/$ GPa	$a_r/$ (10^{9}m·s^{-2})	$\Delta u_r/$ (km·s^{-1})
1.020	2.030	0.122	2.68	0.30	3.30	1.60	0.1	0.044
0.990	2.030	0.195	4.00	0.15	5.70	1.82	0.2	0.026
1.080	2.060	0.260	5.22	0.11	6.47	2.11	0.8	0.042
0.960	1.980	0.340	6.77	0.18	7.93	2.20	0.6	0.045
0.960	2.060	0.427	8.51	0.20	8.09	2.19	1.8	0.053
0.990	2.090	0.482	9.64	0.22	8.32	2.11	1.4	0.052
1.050	1.990	0.534	10.73	0.18	8.64	1.90	1.3	0.052
0.990	2.001	0.624	12.67	0.26	9.01	2.02	1.3	0.049

表 3.45　Q235 钢的层裂实验数据 (二)

$h_f/$ mm	$h_t/$ mm	$u_f/$ (km·s^{-1})	$\sigma/$ GPa	$\tau/$ μs	$\dot{\varepsilon}/$ (10^{5}s^{-1})	$\sigma_{sp}/$ GPa	$a_r/$ (10^{9}m·s^{-2})	$\Delta u_r/$ (km·s^{-1})
1.012	3.023	0.433	8.63	0.15	0.75	2.11	0.6	0.048
1.007	3.008	0.489	9.78	0.14	0.77	2.17	0.8	0.045
1.009	3.015	0.544	10.94	0.18	0.78	1.88	0.6	0.045
1.010	3.021	1.061	15.26	—	0.34	2.85	0.6	0.105
1.005	3.047	1.103	16.35	—	0.48	3.47	1.1	0.072
1.010	3.027	1.144	17.61	—	0.93	2.39	0.2	0.018
1.011	3.043	1.163	18.93	—	1.32	2.57	0.7	0.035

注：对于飞片速度在 $1.061\mathrm{km\cdot s^{-1}}$ 及以上的实验发次，在计算峰值冲击应力时参考文献数据 ($u_{s_3} = 3.69 + 1.79u_{p_3} - 0.038u_{p_3}^2$)(单位：km·s^{-1})[51]，由于飞片追赶稀疏波的影响，$u_{p_3} = \frac{1}{2}u_{fs}$[52]。

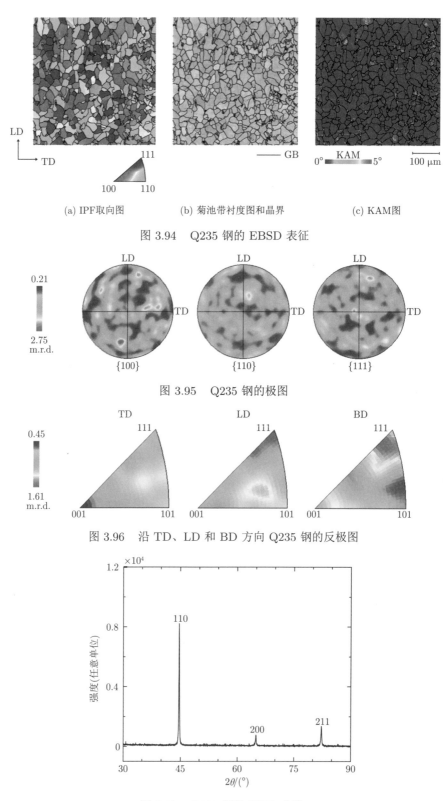

(a) IPF取向图　　　　　　(b) 菊池带衬度图和晶界　　　　　　(c) KAM图

图 3.94　Q235 钢的 EBSD 表征

图 3.95　Q235 钢的极图

图 3.96　沿 TD、LD 和 BD 方向 Q235 钢的反极图

图 3.97　Q235 钢的 XRD 曲线

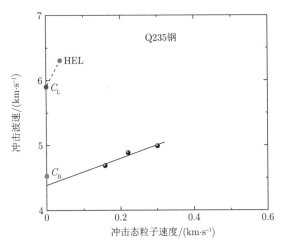

图 3.98 Q235 钢的冲击波速与冲击态粒子速度关系

实验参数和结果详见表 3.43

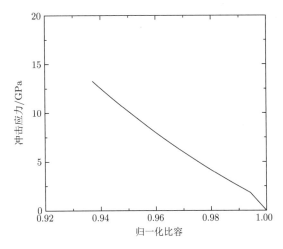

图 3.99 Q235 钢的峰值冲击应力与归一化比容关系

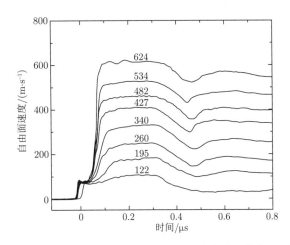

图 3.100 Q235 钢在不同飞片速度下的自由面速度时程曲线 (层裂实验一)

实验参数和结果详见表 3.44

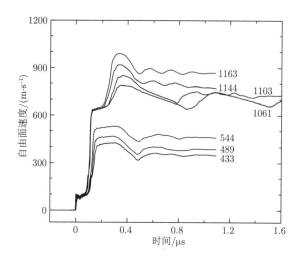

图 3.101　Q235 钢在不同飞片速度下的自由面速度时程曲线 (层裂实验二)

实验参数和结果详见表 3.45

3.14　钛合金 Ti-6Al-4V

数据目录

- 基本材料和实验参数表 (表 3.46)

- Hugoniot 实验数据表 (表 3.47)

- 层裂实验数据表 (表 3.48)

- 初始样品 EBSD 表征图 (图 3.102 ~ 图 3.104)

- 初始样品 SEM/EDS 图 (图 3.105)

- 初始样品 XRD 曲线 (图 3.106)

- 冲击波速 – 冲击态粒子速度 $(u_{\mathrm{s}}\text{-}u_{\mathrm{p}})$ 关系图 (图 3.107)

- 冲击应力 – 归一化比容关系图 (图 3.108)

- 层裂实验样品自由面速度时程曲线 (图 3.109)

表 3.46　钛合金 Ti-6Al-4V 的基本材料和实验参数

项目	参数详情
制备方式	热轧
成分 (质量分数)/%	Ti(90.0); Al(6.1); V(3.9)
材料说明	HCP/BCC 双相结构, 双相体积分数分别为 91% 和 9%; 基体 HCP 相的晶界处存在片层状 BBC 相; 基体相的平均晶粒尺寸为 10μm; 存在残余变形; 存在 $\{11\bar{2}0\}\langle10\bar{1}0\rangle$ 轧制织构
Hugoniot 实验几何	对称碰撞: 钛合金 Ti-6Al-4V(ND) 飞片; 钛合金 Ti-6Al-4V(ND) 基板; 钛合金 Ti-6Al-4V(ND) 靶板
层裂实验几何	对称碰撞: 钛合金 Ti-6Al-4V(ND) 飞片; 钛合金 Ti-6Al-4V(ND) 靶板

项目	参数详情
晶体结构	HCP 和 BCC
晶格参数 (HCP)	$a = b = 2.92\text{Å}$, $c = 4.66\text{Å}$; $\alpha = \beta = 90°$, $\gamma = 120°$
晶格参数 (BCC)	$a = b = c = 3.23\text{Å}$; $\alpha = \beta = \gamma = 90°$
ρ_0	4.411g·cm^{-3}
C_L (ND)	6.136km·s^{-1}
C_T (ND)	3.158km·s^{-1}
C_B (ND)	4.935km·s^{-1}
ν (ND)	0.32
σ_{HEL} (ND)	2.60GPa
σ_y (ND)	1.38GPa
C_0	$4.81\text{km·s}^{-1} \pm 0.03\text{km·s}^{-1}$
s	1.60 ± 0.04
σ_{sp}	4.06~4.45GPa

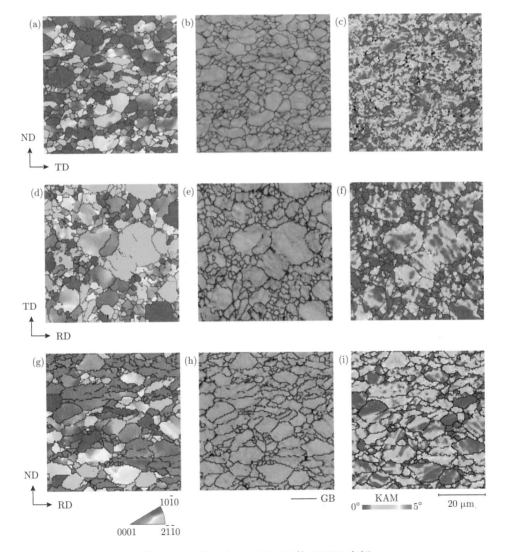

图 3.102　钛合金 Ti-6Al-4V 的 EBSD 表征

(a)(d)(g) 均为 IPF 取向图，(b)(e)(h) 均为菊池带衬度图和晶界，(c)(f)(i) 均为 KAM 图

表 3.47　钛合金 Ti-6Al-4V (ND) 的 Hugoniot 实验数据

$u_f/$ (km·s^{-1})	$u_{p_1}/$ (km·s^{-1})	$u_{s_1}/$ (km·s^{-1})	$u_{p_2}/$ (km·s^{-1})	$u_{s_2}/$ (km·s^{-1})	ε	$\rho/$ (g·cm^{-3})	$\sigma/$ GPa
0	0	—	0	—	0	4.411	0
0.631	0.094	6.286	0.315	5.341	0.056	4.670	8.03
0.731	0.094	6.252	0.365	5.389	0.066	4.715	9.37
0.821	0.094	6.340	0.410	5.470	0.073	4.752	10.71
0.930	0.094	6.321	0.465	5.521	0.082	4.801	12.28
1.662	0.092	6.364	0.831	6.125	0.135	5.095	25.30
2.064	—	—	1.032	6.478	0.159	5.241	29.46

表 3.48　钛合金 Ti-6Al-4V (ND) 的层裂实验数据

$h_f/$ mm	$h_t/$ mm	$u_f/$ (km·s^{-1})	$\sigma/$ GPa	$\tau/$ μs	$\dot{\varepsilon}/$ (10^5s^{-1})	$\sigma_{sp}/$ GPa	$a_r/$ (10^9m·s^{-2})	$\Delta u_r/$ (km·s^{-1})
0.993	1.984	0.442	5.56	0.20	2.44	4.40	2.7	0.205
0.985	1.980	0.649	7.92	0.20	2.97	4.28	3.4	0.317
0.948	1.950	0.884	11.09	0.17	3.26	4.02	4.3	0.296

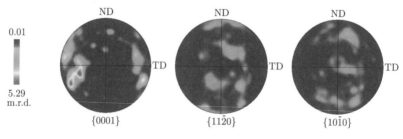

图 3.103　钛合金 Ti-6Al-4V 的极图

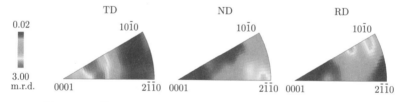

图 3.104　沿 TD、ND 和 RD 方向钛合金 Ti-6Al-4V 的反极图

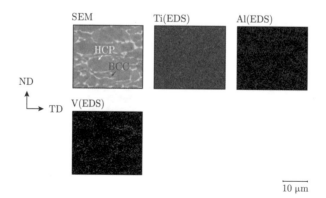

图 3.105　钛合金 Ti-6Al-4V 的 SEM 图像和 EDS 图

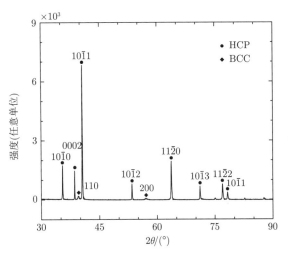

图 3.106　钛合金 Ti-6Al-4V 的 XRD 曲线

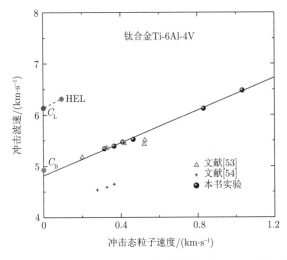

图 3.107　钛合金 Ti-6Al-4V (ND) 的冲击波速与冲击态粒子速度关系

实验参数和结果详见表 3.47，文献结果 [53,54] 用于对比

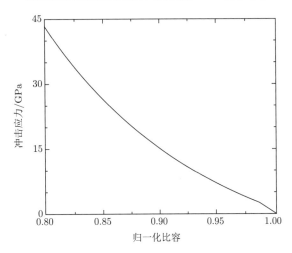

图 3.108　钛合金 Ti-6Al-4V (ND) 的峰值冲击应力与归一化比容关系

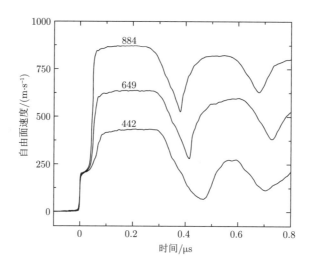

图 3.109　钛合金 Ti-6Al-4V (ND) 在不同飞片速度下的自由面速度时程曲线 (层裂实验)
实验参数和结果详见表 3.48

3.15　铜合金 H62 (黄铜)

数据目录

- 基本材料和实验参数表 (表 3.49)

- Hugoniot 实验数据表 (表 3.50)

- 层裂实验数据表 (表 3.51)

- 初始样品 EBSD 表征图 (图 3.110 ∼ 图 3.112)

- 初始样品 SEM/EDS 图 (图 3.113)

- 初始样品 XRD 曲线 (图 3.114)

- 冲击波速 – 冲击态粒子速度 $(u_s\text{-}u_p)$ 关系图 (图 3.115)

- 冲击应力 – 归一化比容关系图 (图 3.116)

- 层裂实验样品自由面速度时程曲线 (图 3.117)

表 3.49　铜合金 H62 的基本材料和实验参数

项目	参数详情
制备方式	轧制、退火
成分 (质量分数)/%	Cu(61.37)；Zn(38.38)；Fe(0.20)；Pb(0.05)
材料说明	FCC/BCC 双相，枝晶结构；枝晶间相 (ID) 为 CuZn (BCC)；双相体积分数分别为 94 % 和 6 %；枝晶相的平均晶粒尺寸为 17μm；存在少量残余变形；材料存在铜型 {112} ⟨111⟩ 轧制织构
Hugoniot 实验几何	阻抗匹配：OFHC Cu 飞片；OFHC Cu 基板；铜合金 H62 靶板

续表

项目	参数详情
层裂实验几何	对称碰撞：铜合金 H62 飞片；铜合金 H62 靶板
晶体结构	FCC 和 BCC
晶格参数 (FCC)	$a = b = c = 3.70\text{Å}$；$\alpha = \beta = \gamma = 90°$
晶格参数 (BCC)	$a = b = c = 3.30\text{Å}$；$\alpha = \beta = \gamma = 90°$
ρ_0	8.382g·cm^{-3}
C_L	4.427km·s^{-1}
C_T	2.197km·s^{-1}
C_B	3.628km·s^{-1}
ν	0.34
σ_{HEL}	0.68GPa
σ_y	0.33GPa
C_0	$3.64\text{km·s}^{-1} \pm 0.02\text{km·s}^{-1}$
s	1.71 ± 0.04
σ_{sp}	$1.48 \sim 1.62\text{GPa}$

表 3.50　铜合金 H62 的 Hugoniot 实验数据

$u_f/$ (km·s^{-1})	$u_{p1}/$ (km·s^{-1})	$u_{s1}/$ (km·s^{-1})	$u_{p2}/$ (km·s^{-1})	$u_{s2}/$ (km·s^{-1})	ε	$\rho/$ (g·cm^{-3})	$\sigma/$ GPa
0	0	—	0	—	0	8.382	0
0.407	0.017	4.442	0.214	4.002	0.053	8.853	7.24
0.509	0.019	4.528	0.362	4.278	0.084	9.155	5.48
1.070	—	—	0.558	4.585	0.122	9.543	21.48
1.360	—	—	0.707	4.851	0.146	9.813	28.64

表 3.51　铜合金 H62 的层裂实验数据

$h_f/$ mm	$h_t/$ mm	$u_f/$ (km·s^{-1})	$\sigma/$ GPa	$\tau/$ μs	$\dot{\varepsilon}/$ (10^5s^{-1})	$\sigma_{sp}/$ GPa	$a_r/$ (10^8m·s^{-2})	$\Delta u_r/$ (km·s^{-1})
1.000	2.001	0.111	1.86	0.36	0.55	1.55	—	—
0.996	1.997	0.204	3.36	0.36	1.06	1.48	2.6	0.047
1.002	1.996	0.352	5.89	0.36	1.29	1.52	3.8	0.069
0.999	1.997	0.492	8.44	0.35	1.33	1.62	5.4	0.075

(a) IPF取向图　　　　　(b) 相图和晶界、孪晶界　　　　(c) KAM图

图 3.110　铜合金 H62 的 EBSD 表征

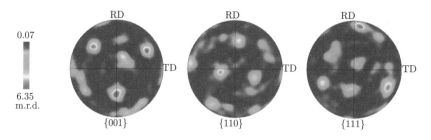

图 3.111　铜合金 H62 的极图

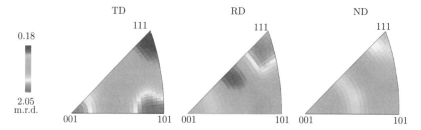

图 3.112　沿 TD、RD 和 ND 方向铜合金 H62 的反极图

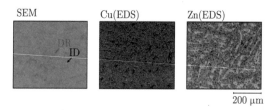

图 3.113　铜合金 H62 的 SEM 图像和 EDS 图

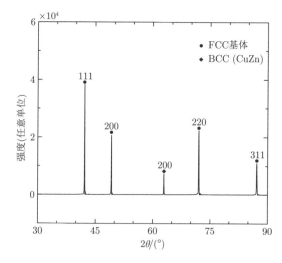

图 3.114　铜合金 H62 的 XRD 曲线

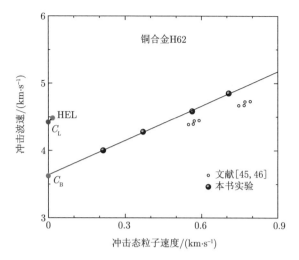

图 3.115 铜合金 H62 的冲击波速与冲击态粒子速度关系

实验参数和结果详见表 3.50，文献结果 [45,46] 用于对比

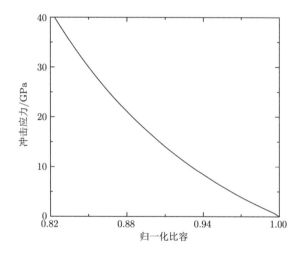

图 3.116 铜合金 H62 的峰值冲击应力与归一化比容关系

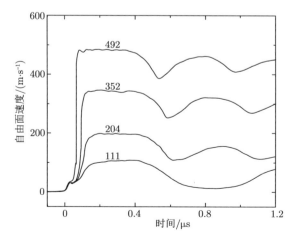

图 3.117 铜合金 H62 在不同飞片速度下的自由面速度时程曲线 (层裂实验)

实验参数和结果详见表 3.51

3.16　铜合金 QAl9-4

数据目录

表 3.52　铜合金 QAl9-4 的基本材料和实验参数

项目	参数详情
制备方式	铸造
成分 (质量分数)/%	Cu(86.01)；Al(7.82)；Fe(4.8)；Zn(1.16)；Mn(0.12)；Sn(0.04)；Si(0.03)；Pd(0.01)
材料说明	存在富 Al 析出相 (Cu_9Al_4) 和富 Fe 析出相 ($AlFe_3$)；基体相体积分数为 90 %；基体相存在孪晶，平均晶粒尺寸为 $30\mu m$；富 Al 相存在残余变形
Hugoniot 实验几何	阻抗匹配：OFHC Cu 飞片；OFHC Cu 基板；铜合金 QAl9-4 靶板
层裂实验几何	对称碰撞：铜合金 QAl9-4 飞片；铜合金 QAl9-4 靶板
晶体结构	FCC
晶格参数	$a = b = c = 3.66$Å；$\alpha = \beta = \gamma = 90°$
ρ_0	7.549g·cm^{-3}
C_L	4.952km·s^{-1}
C_T	2.312km·s^{-1}
C_B	4.171km·s^{-1}
ν	0.36
σ_{HEL}	0.58GPa
σ_y	0.25GPa
C_0	4.15km·s$^{-1}\pm 0.07$km·s^{-1}
s	1.77 ± 0.14
σ_{sp}	$2.05\sim 2.13$GPa

表 3.53　铜合金 QAl9-4 的 Hugoniot 实验数据

$u_f/$ (km·s^{-1})	$u_{p_1}/$ (km·s^{-1})	$u_{s_1}/$ (km·s^{-1})	$u_{p_2}/$ (km·s^{-1})	$u_{s_2}/$ (km·s^{-1})	ε	$\rho/$ (g·cm^{-3})	$\sigma/$ GPa
0	0	—	0	—	0	7.549	0
0.306	0.016	5.022	0.160	4.387	0.036	7.832	5.37
0.502	0.015	4.969	0.263	4.608	0.057	8.003	9.17
0.754	—	—	0.391	4.920	0.079	8.200	14.51
1.090	—	—	0.567	5.150	0.110	8.482	22.03
1.297	—	—	0.675	5.307	0.127	8.649	27.05

表 3.54 铜合金 QAl9-4 的层裂实验数据

$h_f/$ mm	$h_t/$ mm	$u_f/$ (km·s^{-1})	$\sigma/$ GPa	$\tau/$ μs	$\dot{\varepsilon}/$ (10^5s^{-1})	$\sigma_{sp}/$ GPa	$a_r/$ (10^9m·s^{-2})	$\Delta u_r/$ (km·s^{-1})
1.004	2.005	0.240	4.02	0.26	1.01	2.09	0.4	0.044
1.004	2.006	0.322	5.45	0.25	1.36	2.05	0.6	0.058
0.990	1.990	0.428	7.36	0.25	1.44	2.13	0.8	0.079
1.008	1.941	0.507	8.84	0.27	1.51	2.08	0.5	0.077
1.002	1.999	0.598	10.60	0.26	1.92	2.13	1.2	0.093

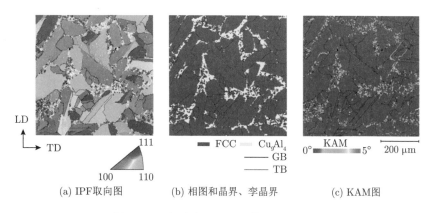

(a) IPF取向图   (b) 相图和晶界、孪晶界   (c) KAM图

图 3.118 铜合金 QAl9-4 的 EBSD 表征

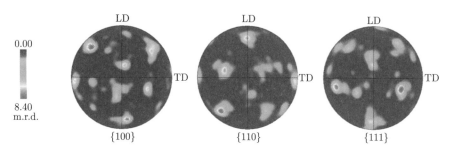

图 3.119 铜合金 QAl9-4 的极图

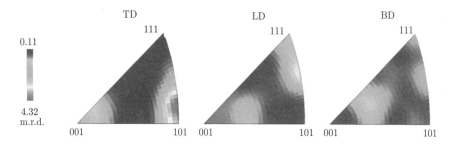

图 3.120 沿 TD、LD 和 BD 方向铜合金 QAl9-4 的反极图

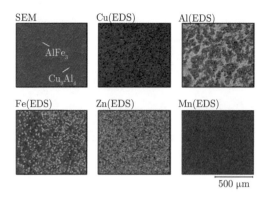

图 3.121　铜合金 QAl9-4 的 SEM 图像和 EDS 图

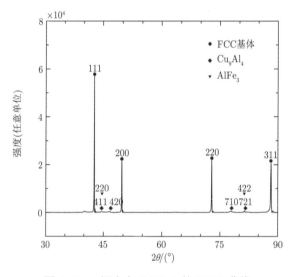

图 3.122　铜合金 QAl9-4 的 XRD 曲线

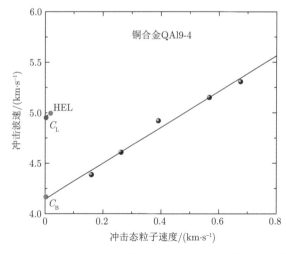

图 3.123　铜合金 QAl9-4 的冲击波速与冲击态粒子速度关系

实验参数和结果详见表 3.53

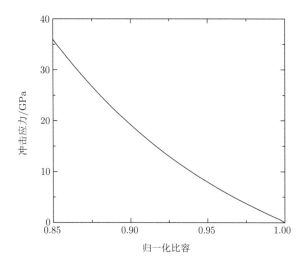

图 3.124　铜合金 QAl9-4 的峰值冲击应力与归一化比容关系

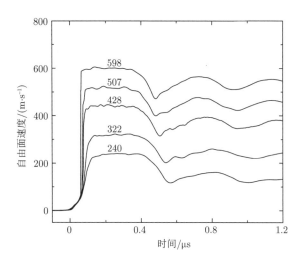

图 3.125　铜合金 QAl9-4 在不同飞片速度下的自由面速度时程曲线 (层裂实验)
实验参数和结果详见表 3.54

3.17　锌合金 3#Zn

数据目录

- 基本材料和实验参数表 (表 3.55)

- Hugoniot 实验数据表 (表 3.56)

- 层裂实验数据表 (表 3.57)

- 初始样品 EBSD 表征图 (图 3.126 ～ 图 3.128)

- 初始样品 SEM/EDS 图 (图 3.129)

- 初始样品 XRD 曲线 (图 3.130)

- 冲击波速 – 冲击态粒子速度 (u_s-u_p) 关系图 (图 3.131)

- 冲击应力 – 归一化比容关系图 (图 3.132)

- 层裂实验样品自由面速度时程曲线 (图 3.133)

表 3.55 锌合金 3#Zn 的基本材料和实验参数

项目	参数详情
制备方式	铸造
成分 (质量分数)/%	Zn(94.76)；Al(5.05)；Mg(0.10)；Cu(0.06)；Fe(0.03)
材料说明	HCP/FCC 双相结构；基体相 (HCP) 平均晶粒尺寸为 70μm；存在 Al 偏析，偏析区域形成了 Zn/Al 共晶组织 (HCP/FCC 双相)；存在残余变形
Hugoniot 实验几何	阻抗匹配：OFHC Cu 飞片；锌合金 3#Zn 基板；锌合金 3#Zn 靶板
层裂实验几何	对称碰撞：锌合金 3#Zn 飞片；锌合金 3#Zn 靶板
晶体结构	HCP
晶格参数	$a = b = 2.66$Å, $c = 4.94$Å；$\alpha = \beta = 90°, \gamma = 120°$
ρ_0	6.668g·cm^{-3}
C_L	4.270km·s^{-1}
C_T	2.391km·s^{-1}
C_B	3.257km·s^{-1}
ν	0.27
σ_{HEL}	0.49GPa
σ_y	0.31GPa
C_0	3.10km·s^{-1} ±0.06km·s^{-1}
s	1.65±0.11
σ_{sp}	0.96~1.28GPa

表 3.56 锌合金 3#Zn 的 Hugoniot 实验数据

u_f/(km·s^{-1})	u_{p_1}/(km·s^{-1})	u_{s_1}/(km·s^{-1})	u_{p_2}/(km·s^{-1})	u_{s_2}/(km·s^{-1})	ε	ρ/(g·cm^{-3})	σ/GPa
0	0	—	0	—	0	6.668	0
0.327	0.017	4.342	0.169	3.423	0.048	7.007	5.88
0.494	0.017	4.374	0.266	3.516	0.075	7.206	8.69
0.738	0.017	4.311	0.447	3.791	0.118	7.560	11.32
1.022	0.017	4.325	0.613	4.059	0.151	7.854	16.58
1.334	—	—	0.786	4.444	0.177	8.101	23.27

表 3.57 锌合金 3#Zn 的层裂实验数据

h_f/mm	h_t/mm	u_f/(km·s^{-1})	σ/GPa	τ/μs	$\dot{\varepsilon}$/(10^{5}s^{-1})	σ_{sp}/GPa	a_r/(10^{8}m·s^{-2})	Δu_r/(km·s^{-1})
1.001	2.005	0.120	1.40	0.21	0.34	0.96	—	—
1.004	2.005	0.195	2.24	0.21	0.58	1.10	2.6	0.033
1.000	2.006	0.315	3.63	0.21	0.81	1.18	2.9	0.053
1.005	2.003	0.404	4.72	0.21	0.83	1.18	3.3	0.054
0.996	2.008	0.505	6.01	0.23	1.14	1.28	4.6	0.066

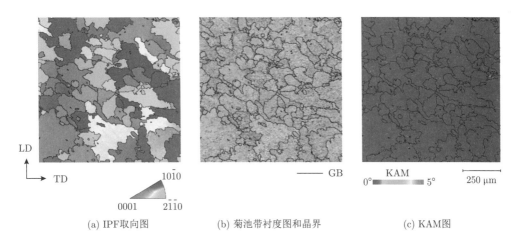

(a) IPF取向图　　　　(b) 菊池带衬度图和晶界　　　　(c) KAM图

图 3.126 锌合金 3#Zn 的 EBSD 表征

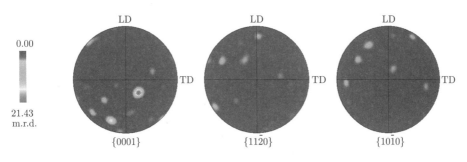

图 3.127 锌合金 3#Zn 的极图

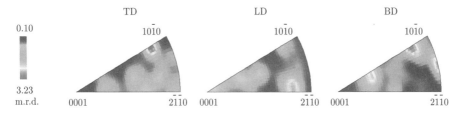

图 3.128 沿 TD、LD 和 BD 方向锌合金 3#Zn 的反极图

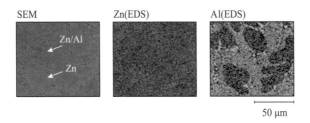

图 3.129 锌合金 3#Zn 的 SEM 图像和 EDS 图

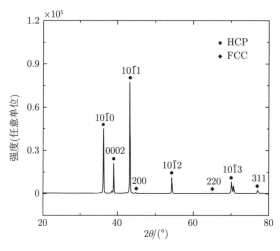

图 3.130　锌合金 3#Zn 的 XRD 曲线

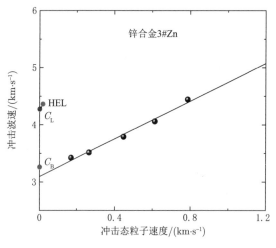

图 3.131　锌合金 3#Zn 的冲击波速与冲击态粒子速度关系
实验参数和结果详见表 3.56

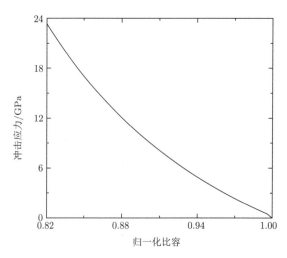

图 3.132　锌合金 3#Zn 的峰值冲击应力与归一化比容关系

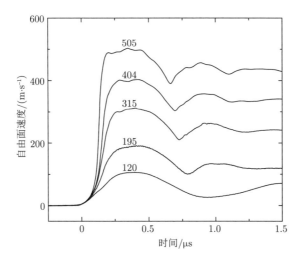

图 3.133　锌合金 3#Zn 在不同飞片速度下的自由面速度时程曲线 (层裂实验)

实验参数和结果详见表 3.57

第 4 章　多主元合金

多主元合金粗略定义为含有至少 3 种主要金属元素的合金，包括高熵合金和中熵合金。本章包括如下 6 种多主元合金冲击物性数据：

- $AlCrFeCoNi_{2.1}$

- $Al_{0.1}CrFeCoNi$

- $CrFeCoNi$

- $CrFeCoNiCu$

- $Cr_{20}Mn_{20}Fe_{40}Ni_{20}$

- $CrCoNi$

4.1　$AlCrFeCoNi_{2.1}$

数据目录

- 基本材料和实验参数表 (表 4.1)

- Hugoniot 实验数据表 (表 4.2)

- 层裂实验数据表 (表 4.3)

- 初始样品 EBSD 表征图 (图 4.1 ~ 图 4.3)

- 初始样品 SEM/EDS 图 (图 4.4)

- 初始样品 XRD 曲线 (图 4.5)

- 冲击波速 – 冲击态粒子速度 (u_s-u_p) 关系图 (图 4.6)

- 冲击应力 – 归一化比容关系图 (图 4.7)

- 层裂实验样品自由面速度时程曲线 (图 4.8)

表 4.1　$AlCrFeCoNi_{2.1}$ 的基本材料和实验参数

项目	参数详情
制备方式	铸造
成分 (原子数分数)/%	Al(17.8)；Cr(15.9)；Fe(16.0)；Co(16.1)；Ni(34.2)

续表

项目	参数详情
材料说明	BCC/FCC 双相共晶结构；其中 $L1_2$ 相 (FCC) 贫 Al 而 B2 相 (BCC) 富 Al；$L1_2$ 相 (FCC) 和 B2 相 (BCC) 体积分数分别为 67% 和 33%；大晶粒的平均尺寸为 90μm，晶粒内 B2 相板条厚度为 0.5～2μm；存在残余变形
Hugoniot 实验几何 层裂实验几何	阻抗匹配：OFHC Cu 飞片；OFHC Cu 基板；$AlCrFeCoNi_{2.1}$ 靶板 对称碰撞：$AlCrFeCoNi_{2.1}$ 飞片；$AlCrFeCoNi_{2.1}$ 靶板
晶体结构 晶格参数 (BCC) 晶格参数 (FCC) ρ_0 C_L C_T C_B ν σ_{HEL} σ_y C_0 s σ_{sp}	BCC 和 FCC $a = b = c = 2.87\text{Å}$；$\alpha = \beta = \gamma = 90°$ $a = b = c = 3.59\text{Å}$；$\alpha = \beta = \gamma = 90°$ 7.370g·cm^{-3} 5.970km·s^{-1} 3.088km·s^{-1} 4.788km·s^{-1} 0.32 0.88GPa 0.47GPa $4.79\text{km·s}^{-1}\pm0.02\text{km·s}^{-1}$ 1.43 ± 0.05 $3.00\sim3.65\text{GPa}$

表 4.2 $AlCrFeCoNi_{2.1}$ 的 Hugoniot 实验数据

$u_f/$ (km·s^{-1})	$u_{p_1}/$ (km·s^{-1})	$u_{s_1}/$ (km·s^{-1})	$u_{p_2}/$ (km·s^{-1})	$u_{s_2}/$ (km·s^{-1})	ε	$\rho/$ (g·cm^{-3})	$\sigma/$ GPa
0	0	—	0	—	0	7.370	0
0.321	0.017	6.126	0.159	5.019	0.031	7.606	6.02
0.454	0.017	6.097	0.227	5.128	0.044	7.707	8.68
0.503	0.018	6.115	0.251	5.149	0.048	7.743	9.66
0.616	0.011	6.018	0.309	5.244	0.059	7.829	12.01
0.717	0.023	5.994	0.361	5.279	0.068	7.907	14.18
0.846	0.024	6.069	0.426	5.411	0.078	7.996	17.09
0.970	0.020	5.989	0.491	5.477	0.089	8.093	19.87
1.247	0.021	6.013	0.635	5.660	0.112	8.300	26.51
1.487	0.028	6.103	0.755	5.904	0.128	8.449	32.86

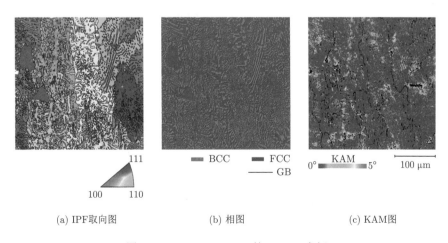

(a) IPF取向图 (b) 相图 (c) KAM图

图 4.1 $AlCrFeCoNi_{2.1}$ 的 EBSD 表征

表 4.3　AlCrFeCoNi$_{2.1}$ 的层裂实验数据

h_f/ mm	h_t/ mm	u_f/ (km·s^{-1})	σ/ GPa	τ/ μs	$\dot{\varepsilon}$/ (10^5s^{-1})	σ_{sp}/ GPa	a_r/ (10^9m·s^{-2})	Δu_r/ (km·s^{-1})
1.020	1.985	0.200	3.80	0.25	0.76	—	—	—
1.008	2.003	0.227	4.30	0.27	0.91	3.00	0.4	0.037
0.987	1.940	0.302	5.73	0.25	1.26	3.21	0.6	0.087
1.012	2.003	0.410	7.81	0.26	1.38	3.24	0.7	0.112
1.008	1.996	0.504	9.70	0.24	1.64	3.35	0.8	0.123
1.005	1.937	0.620	12.06	0.22	1.78	3.43	1.0	0.131
1.001	2.000	0.730	14.40	0.21	2.04	3.64	1.2	0.133
0.999	1.995	0.862	17.26	0.22	2.07	3.65	1.3	0.132

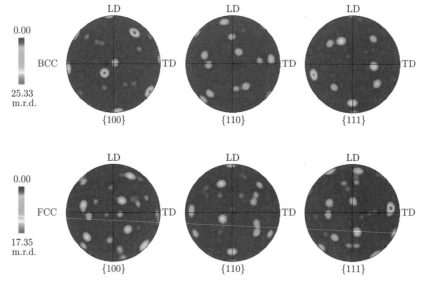

图 4.2　AlCrFeCoNi$_{2.1}$ 的极图

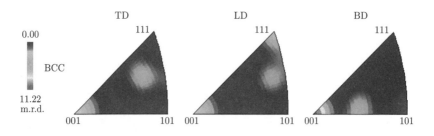

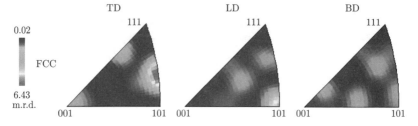

图 4.3　沿 TD、LD 和 BD 方向 AlCrFeCoNi$_{2.1}$ 的反极图

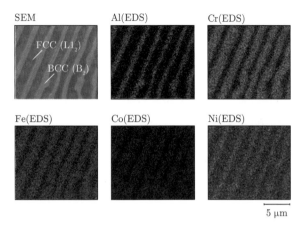

图 4.4　AlCrFeCoNi$_{2.1}$ 的 SEM 图像和 EDS 图

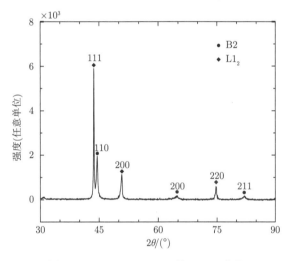

图 4.5　AlCrFeCoNi$_{2.1}$ 的 XRD 曲线

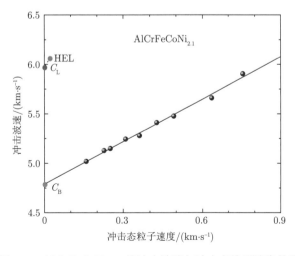

图 4.6　AlCrFeCoNi$_{2.1}$ 的冲击波速与冲击态粒子速度关系

实验参数和结果详见表 4.2

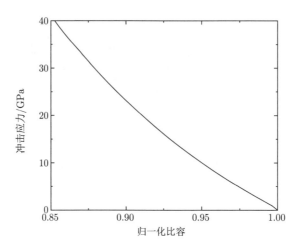

图 4.7　AlCrFeCoNi$_{2.1}$ 的峰值冲击应力与归一化比容关系

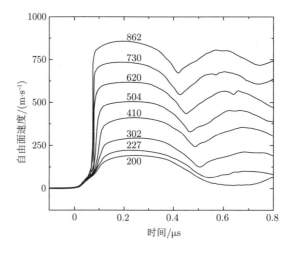

图 4.8　AlCrFeCoNi$_{2.1}$ 在不同飞片速度下的自由面速度时程曲线 (层裂实验)
实验参数和结果详见表 4.3

4.2　Al$_{0.1}$CrFeCoNi

数据目录

- 基本材料和实验参数表 (表 4.4)

- Hugoniot 实验数据表 (表 4.5)

- 层裂实验数据表 (表 4.6)

- 初始样品 EBSD 表征图 (图 4.9 ~ 图 4.11)

- 初始样品 XRD 曲线 (图 4.12)

- 冲击波速–冲击态粒子速度 $(u_{\mathrm{s}}\text{-}u_{\mathrm{p}})$ 关系图 (图 4.13)

- 冲击应力–归一化比容关系图 (图 4.14)

- 层裂实验样品自由面速度时程曲线 (图 4.15)

表 4.4　$\mathbf{Al_{0.1}CrFeCoNi}$ 的基本材料和实验参数

项目	参数详情
制备方式	铸造
成分 (原子数分数)/%	Al(2.7)；Cr (25.0)；Fe(24.3)；Co(24.3)；Ni(23.7)
材料说明	平均晶粒尺寸为 $156\mu\mathrm{m}$
Hugoniot 实验几何	阻抗匹配: OFHC Cu 飞片；OFHC Cu 基板；$\mathrm{Al_{0.1}CrFeCoNi}$ 靶板
层裂实验几何	对称碰撞：$\mathrm{Al_{0.1}CrFeCoNi}$ 飞片；$\mathrm{Al_{0.1}CrFeCoNi}$ 靶板
晶体结构	FCC
晶格参数	$a = b = c = 3.54\text{Å}$；$\alpha = \beta = \gamma = 90°$
ρ_0	$8.050\mathrm{g\cdot cm^{-3}}$
C_{L}	$5.905\mathrm{km\cdot s^{-1}}$
C_{T}	$3.176\mathrm{km\cdot s^{-1}}$
C_{B}	$4.628\mathrm{km\cdot s^{-1}}$
ν	0.30
σ_{HEL}	$0.66\mathrm{GPa}$
σ_{y}	$0.33\mathrm{GPa}$
Hugoniot C_0	$4.56\mathrm{km\cdot s^{-1}}\pm0.03\mathrm{km\cdot s^{-1}}$
Hugoniot s	1.52 ± 0.08
σ_{sp}	$3.26\sim4.04\mathrm{GPa}$

表 4.5　$\mathbf{Al_{0.1}CrFeCoNi}$ 的 Hugoniot 实验数据

$u_{\mathrm{f}}/$ $(\mathrm{km\cdot s^{-1}})$	$u_{\mathrm{p_1}}/$ $(\mathrm{km\cdot s^{-1}})$	$u_{\mathrm{s_1}}/$ $(\mathrm{km\cdot s^{-1}})$	$u_{\mathrm{p_2}}/$ $(\mathrm{km\cdot s^{-1}})$	$u_{\mathrm{s_2}}/$ $(\mathrm{km\cdot s^{-1}})$	ε	$\rho/$ $(\mathrm{g\cdot cm^{-3}})$	$\sigma/$ GPa
0	0	—	0	—	0	8.050	0
0.313	0.013	6.221	0.152	4.790	0.031	8.309	5.98
0.408	0.013	6.126	0.199	4.852	0.040	8.390	7.88
0.501	0.012	6.143	0.245	4.953	0.049	8.465	9.86
0.616	0.012	6.117	0.302	5.022	0.060	8.562	12.30
0.714	0.013	6.124	0.351	5.102	0.068	8.641	14.49
0.806	0.016	6.016	0.398	5.130	0.077	8.723	16.52
0.929	0.016	6.137	0.458	5.273	0.086	8.811	19.48

表 4.6　$\mathbf{Al_{0.1}CrFeCoNi}$ 的层裂实验数据

$h_{\mathrm{f}}/$ mm	$h_{\mathrm{t}}/$ mm	$u_{\mathrm{f}}/$ $(\mathrm{km\cdot s^{-1}})$	$\sigma/$ GPa	$\tau/$ $\mu\mathrm{s}$	$\dot{\varepsilon}/$ $(10^5\mathrm{s^{-1}})$	$\sigma_{\mathrm{sp}}/$ GPa	$a_{\mathrm{r}}/$ $(10^9\mathrm{m\cdot s^{-2}})$	$\Delta u_{\mathrm{r}}/$ $(\mathrm{km\cdot s^{-1}})$
1.000	1.980	0.208	4.09	0.26	0.94	3.26	—	—
1.000	1.986	0.307	6.06	0.26	1.55	3.64	0.9	0.102
1.003	1.980	0.410	8.16	0.27	1.74	3.53	0.6	0.092
0.997	1.987	0.511	10.29	0.27	2.03	3.74	0.5	0.125
0.990	2.008	0.612	12.49	0.26	2.47	3.84	2.0	0.126
1.006	1.998	0.762	15.85	0.25	2.77	4.04	1.7	0.145

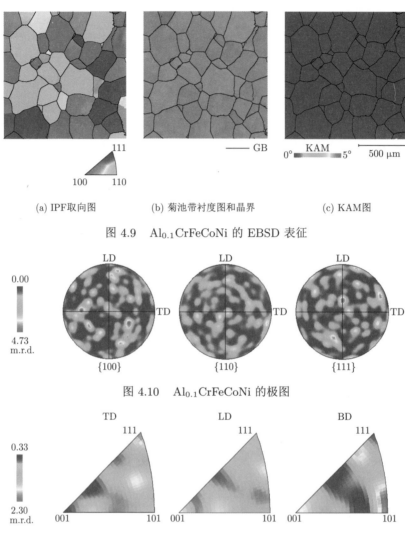

(a) IPF取向图　　　　　　(b) 菊池带衬度图和晶界　　　　　　(c) KAM图

图 4.9　Al$_{0.1}$CrFeCoNi 的 EBSD 表征

图 4.10　Al$_{0.1}$CrFeCoNi 的极图

图 4.11　沿 TD、LD 和 BD 方向 Al$_{0.1}$CrFeCoNi 的反极图

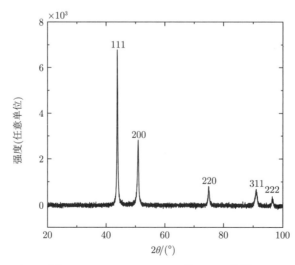

图 4.12　Al$_{0.1}$CrFeCoNi 的 XRD 曲线

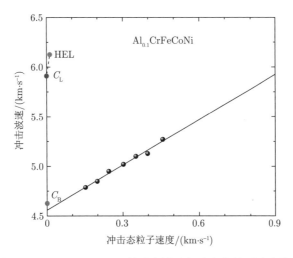

图 4.13 Al$_{0.1}$CrFeCoNi 的冲击波速与冲击态粒子速度关系

实验参数和结果详见表 4.5

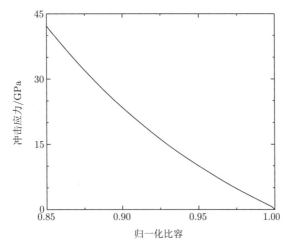

图 4.14 Al$_{0.1}$CrFeCoNi 的峰值冲击应力与归一化比容关系

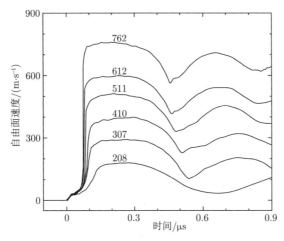

图 4.15 Al$_{0.1}$CrFeCoNi 在不同飞片速度下的自由面速度时程曲线 (层裂实验)

实验参数和结果详见表 4.6

4.3　CrFeCoNi

数据目录

- 基本材料和实验参数表 (表 4.7)

- 层裂实验数据表 (表 4.8)

- 初始样品 EBSD 表征图 (图 4.16 ~ 图 4.18)

- 初始样品 XRD 曲线 (图 4.19)

- 层裂实验样品自由面速度时程曲线 (图 4.20)

表 4.7　CrFeCoNi 的基本材料和实验参数

项目	参数详情
制备方式	轧制、退火
成分 (原子数分数)/%	Cr(25.4)；Fe(25.2)；Co(25.1)；Ni(24.3)
材料说明	存在退火孪晶；平均晶粒尺寸为 $102\mu m$
Hugoniot 方法	混合模型
层裂实验几何	阻抗碰撞：OFHC Cu 飞片；CrFeCoNi 靶板
晶体结构	FCC
晶格参数 (FCC)	$a = b = c = 3.59\text{Å}$；$\alpha = \beta = \gamma = 90°$
ρ_0	8.229g·cm^{-3}
C_L	5.861km·s^{-1}
C_T	3.220km·s^{-1}
C_B	4.531km·s^{-1}
ν	0.28
σ_{HEL}	0.81GPa
σ_y	0.50GPa
C_0	4.61km·s^{-1} (混合模型计算)
s	1.43 (混合模型计算)
σ_{sp}	3.15~3.28GPa

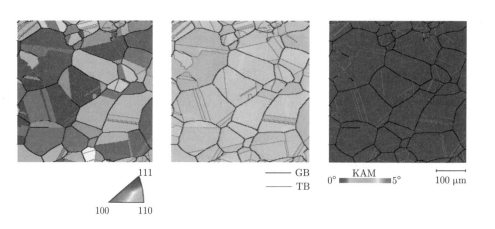

(a) IPF取向图　　　　　(b) 菊池带衬度图和晶界、孪晶界　　　　　(c) KAM图

图 4.16　CrFeCoNi 的 EBSD 表征

表 4.8　CrFeCoNi 的层裂实验数据

$h_f/$ mm	$h_t/$ mm	$u_f/$ (km·s^{-1})	$\sigma/$ GPa	$\tau/$ μs	$\dot{\varepsilon}/$ (10^5s^{-1})	$\sigma_{sp}/$ GPa	$a_r/$ (10^9m·s^{-2})	$\Delta u_r/$ (km·s^{-1})
0.810	2.009	0.240	3.83	0.21	1.52	3.16	0.3	0.038
0.809	2.005	0.310	5.97	0.17	2.27	3.23	0.7	0.111
0.806	2.006	0.393	7.68	0.20	2.46	3.18	0.6	0.105
0.808	2.010	0.507	10.17	0.15	2.56	3.15	0.8	0.110
0.807	2.010	0.635	12.88	0.15	2.59	3.20	1.0	0.109

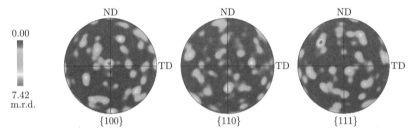

图 4.17　CrFeCoNi 的极图

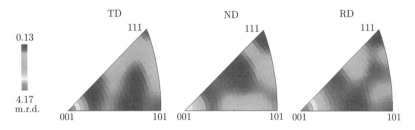

图 4.18　沿 TD、ND 和 RD 方向 CrFeCoNi 的反极图

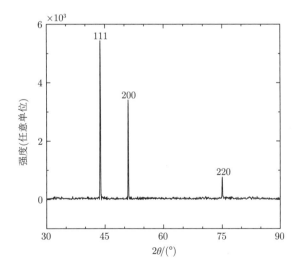

图 4.19　CrFeCoNi 的 XRD 曲线

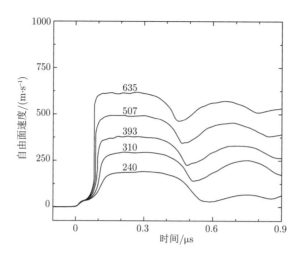

图 4.20　CrFeCoNi 在不同飞片速度下的自由面速度时程曲线 (层裂实验)

实验参数和结果详见表 4.8

4.4　CrFeCoNiCu

数据目录

- 基本材料和实验参数表 (表 4.9)

- Hugoniot 实验数据表 (表 4.10)

- 层裂实验数据表 (表 4.11)

- 初始样品 EBSD 表征图 (图 4.21 ∼ 图 4.23)

- 初始样品 SEM/EDS 图 (图 4.24)

- 初始样品 XRD 曲线 (图 4.25)

- 冲击波速 – 冲击态粒子速度 (u_s-u_p) 关系图 (图 4.26)

- 冲击应力 – 归一化比容关系图 (图 4.27)

- 层裂实验样品自由面速度时程曲线 (图 4.28)

表 4.9　CrFeCoNiCu 的基本材料和实验参数

项目	参数详情
制备方式 成分 (原子数分数)/% 材料说明	铸造 Cr(20.0)；Fe(19.9)；Co(24.5)；Ni(19.6)；Cu(16.0) FCC/FCC 双相，枝晶结构：枝晶相 (DR) 为富 CrFeCoNi 相，枝晶间相 (ID) 为富 Cu 相；两相体积分数分别为 90% 和 10%；枝晶相平均晶粒尺寸为 60μm；枝晶间相存在少量残余变形
Hugoniot 实验几何 层裂实验几何	阻抗匹配：OFHC Cu 飞片；OFHC Cu 基板；CrFeCoNiCu 靶板 对称碰撞：CrFeCoNiCu 飞片；CrFeCoNiCu 靶板

续表

项目	参数详情
晶体结构	FCC
晶格参数 (DR)	$a = b = c = 3.58\text{Å}$；$\alpha = \beta = \gamma = 90°$
晶格参数 (ID)	$a = b = c = 3.61\text{Å}$；$\alpha = \beta = \gamma = 90°$
ρ_0	8.356g·cm^{-3}
C_L	5.652km·s^{-1}
C_T	3.037km·s^{-1}
C_B	4.433km·s^{-1}
ν	0.30
σ_{HEL}	0.69GPa
σ_y	0.40GPa
C_0	$4.41\text{km·s}^{-1}\pm0.03\text{km·s}^{-1}$
s	1.63 ± 0.10
σ_{sp}	2.29~2.57GPa

表 4.10　CrFeCoNiCu 的 Hugoniot 实验数据

$u_f/$ (km·s^{-1})	$u_{p1}/$ (km·s^{-1})	$u_{s1}/$ (km·s^{-1})	$u_{p2}/$ (km·s^{-1})	$u_{s2}/$ (km·s^{-1})	ε	$\rho/$ (g·cm^{-3})	$\sigma/$ GPa
0	0	—	0	—	0	8.356	0
0.318	0.010	5.751	0.154	4.639	0.033	8.640	6.08
0.406	0.015	5.715	0.197	4.731	0.041	8.714	7.91
0.502	0.013	5.786	0.244	4.811	0.050	8.799	9.92
0.608	0.015	5.845	0.296	4.917	0.060	8.887	12.27
0.705	0.017	5.712	0.344	4.979	0.069	8.972	14.40
0.916	0.017	5.691	0.450	5.114	0.088	9.158	19.27

表 4.11　CrFeCoNiCu 的层裂实验数据

$h_f/$ mm	$h_t/$ mm	$u_f/$ (km·s^{-1})	$\sigma/$ GPa	$\tau/$ μs	$\dot{\varepsilon}/$ (10^5s^{-1})	$\sigma_{sp}/$ GPa	$a_r/$ (10^8m·s^{-2})	$\Delta u_r/$ (km·s^{-1})
1.041	1.988	0.193	4.07	0.19	0.67	2.50	1.4	0.026
1.004	2.009	0.222	4.68	0.17	0.73	2.55	2.7	0.055
1.003	2.002	0.275	5.82	0.21	0.79	2.57	3.6	0.071
1.004	1.960	0.309	6.56	0.21	0.82	2.48	3.7	0.069
1.002	2.008	0.355	7.56	0.19	0.86	2.46	3.8	0.070
1.007	2.008	0.460	9.91	0.18	0.96	2.39	3.8	0.071
1.007	2.005	0.606	13.29	0.20	1.07	2.29	3.8	0.060

(a) IPF取向图　　　　　(b) 菊池带衬度图和晶界　　　　　(c) KAM图

图 4.21　CrFeCoNiCu 的 EBSD 表征

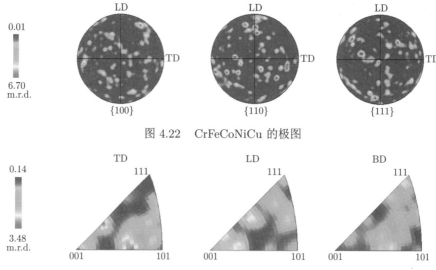

图 4.22　CrFeCoNiCu 的极图

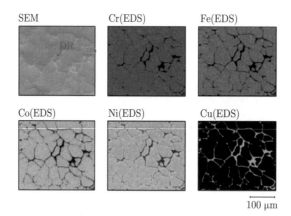

图 4.23　沿 TD、LD 和 BD 方向 CrFeCoNiCu 的反极图

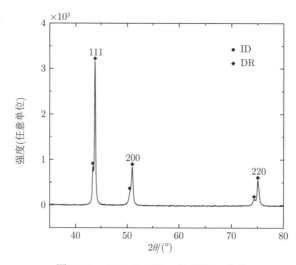

图 4.24　CrFeCoNiCu 的 SEM 图像和 EDS 图

DR 为枝晶相；ID 为枝晶间相

图 4.25　CrFeCoNiCu 的 XRD 曲线

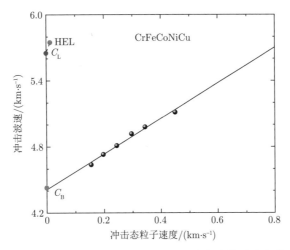

图 4.26　CrFeCoNiCu 的冲击波速与冲击态粒子速度关系
实验参数和结果详见表 4.10

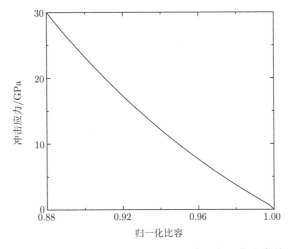

图 4.27　CrFeCoNiCu 的峰值冲击应力与归一化比容关系

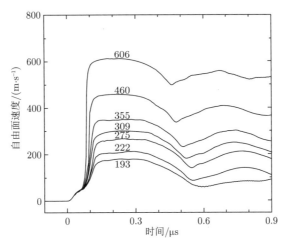

图 4.28　CrFeCoNiCu 在不同飞片速度下的自由面速度时程曲线 (层裂实验)
实验参数和结果详见表 4.11

4.5　Cr₂₀Mn₂₀Fe₄₀Ni₂₀

数据目录

- 基本材料和实验参数表 (表 4.12)

- Hugoniot 实验数据表 (表 4.13)

- 层裂实验数据表 (表 4.14)

- 初始样品 EBSD 表征图 (图 4.29 ~ 图 4.31)

- 初始样品 XRD 曲线 (图 4.32)

- 冲击波速-冲击态粒子速度 (u_s-u_p) 关系图 (图 4.33)

- 冲击应力-归一化比容关系图 (图 4.34)

- 层裂实验样品自由面速度时程曲线 (图 4.35)

表 4.12　Cr₂₀Mn₂₀Fe₄₀Ni₂₀ 的基本材料和实验参数

项目	参数详情
制备方式	热轧
成分 (原子数分数)/%	Cr(20.1)；Mn(20.2)；Fe(39.7)；Ni(20.0)
材料说明	存在退火孪晶；平均晶粒尺寸为 $5\mu m$；存在少量残余变形
Hugoniot 实验几何	阻抗匹配：OFHC Cu 飞片；OFHC Cu 基板；Cr₂₀Mn₂₀Fe₄₀Ni₂₀ 靶板
层裂实验几何	对称碰撞：Cr₂₀Mn₂₀Fe₄₀Ni₂₀ 飞片；Cr₂₀Mn₂₀Fe₄₀Ni₂₀ 靶板
晶体结构	FCC
晶格参数 (FCC)	$a = b = c = 3.62\text{Å}$；$\alpha = \beta = \gamma = 90°$
ρ_0	7.902g·cm^{-3}
C_L	5.471km·s^{-1}
C_T	3.132km·s^{-1}
C_B	4.105km·s^{-1}
ν	0.26
σ_{HEL}	0.64GPa
σ_y	0.41GPa
C_0	$4.11\text{km·s}^{-1} \pm 0.04\text{km·s}^{-1}$
s	1.90 ± 0.10
σ_{sp}	2.06~2.32GPa

表 4.13　Cr₂₀Mn₂₀Fe₄₀Ni₂₀ 的 Hugoniot 实验数据

$u_f/$ (km·s^{-1})	$u_{p_1}/$ (km·s^{-1})	$u_{s_1}/$ (km·s^{-1})	$u_{p_2}/$ (km·s^{-1})	$u_{s_2}/$ (km·s^{-1})	ε	$\rho/$ (g·cm^{-3})	$\sigma/$ GPa
0	0	—	0	—	0	7.902	0
0.303	0.011	5.653	0.155	4.386	0.035	8.185	5.47
0.504	0.014	5.634	0.256	4.632	0.055	8.358	9.50
0.607	0.015	5.485	0.310	4.703	0.065	8.453	11.59
0.718	0.015	5.485	0.367	4.805	0.076	8.549	13.99
0.919	0.017	5.513	0.468	4.993	0.094	8.715	18.54

表 4.14　$Cr_{20}Mn_{20}Fe_{40}Ni_{20}$ 的层裂实验数据

$h_f/$ mm	$h_t/$ mm	$u_f/$ $(km·s^{-1})$	$\sigma/$ GPa	$\tau/$ μs	$\dot{\varepsilon}/$ $(10^5 s^{-1})$	$\sigma_{sp}/$ GPa	$a_r/$ $(10^8 m·s^{-2})$	$\Delta u_r/$ $(km·s^{-1})$
0.806	2.004	0.185	3.65	0.11	1.00	2.06	1.2	0.048
0.806	2.006	0.245	4.64	0.15	1.16	2.22	3.3	0.050
0.804	2.008	0.303	5.68	0.17	1.24	2.28	4.2	0.073
0.807	2.007	0.401	7.54	0.19	1.28	2.30	4.3	0.073
0.809	2.005	0.501	9.51	0.17	1.37	2.32	4.7	0.083

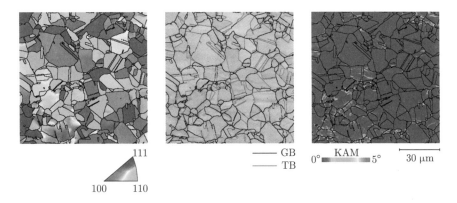

(a) IPF取向图　　　(b) 菊池带衬度图和晶界、孪晶界　　　(c) KAM图

图 4.29　$Cr_{20}Mn_{20}Fe_{40}Ni_{20}$ 的 EBSD 表征

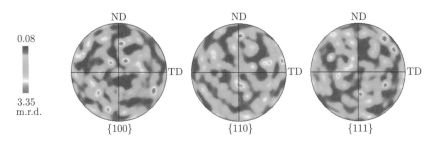

图 4.30　$Cr_{20}Mn_{20}Fe_{40}Ni_{20}$ 的极图

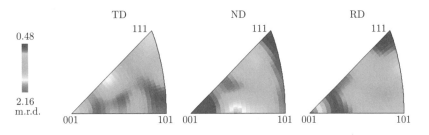

图 4.31　沿 TD、ND 和 RD 方向 $Cr_{20}Mn_{20}Fe_{40}Ni_{20}$ 的反极图

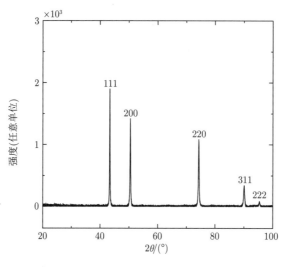

图 4.32　$Cr_{20}Mn_{20}Fe_{40}Ni_{20}$ 的 XRD 曲线

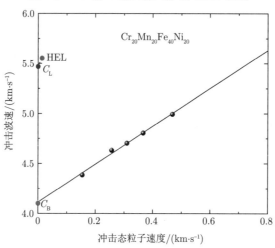

图 4.33　$Cr_{20}Mn_{20}Fe_{40}Ni_{20}$ 的冲击波速与冲击态粒子速度关系

实验参数和结果详见表 4.13

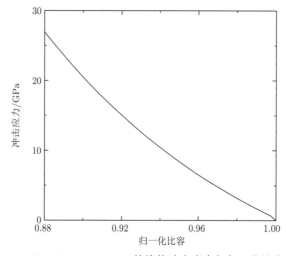

图 4.34　$Cr_{20}Mn_{20}Fe_{40}Ni_{20}$ 的峰值冲击应力与归一化比容关系

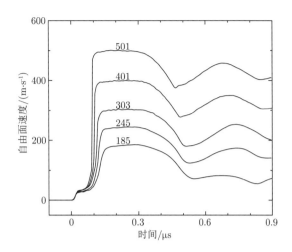

图 4.35 $Cr_{20}Mn_{20}Fe_{40}Ni_{20}$ 在不同飞片速度下的自由面速度时程曲线 (层裂实验)

实验参数和结果详见表 4.14

4.6 CrCoNi

数据目录

- 基本材料和实验参数表 (表 4.15)

- Hugoniot 实验数据表 (表 4.16)

- 层裂实验数据表 (表 4.17)

- 初始样品 EBSD 表征图 (图 4.36 ~ 图 4.38)

- 初始样品 XRD 曲线 (图 4.39)

- 冲击波速 – 冲击态粒子速度 (u_s-u_p) 关系图 (图 4.40)

- 冲击应力 – 归一化比容关系图 (图 4.41)

- 层裂实验样品自由面速度时程曲线 (图 4.42)

表 4.15 CrCoNi 的基本材料和实验参数

项目	参数详情
制备方式	铸造
成分 (原子数分数)/%	Cr(33.3)；Co(33.3)；Ni(33.4)
材料说明	晶粒尺寸为 300~500μm
Hugoniot 实验几何	阻抗匹配：OFHC Cu 飞片；OFHC Cu 基板；CrCoNi 靶板
层裂实验几何	对称碰撞：CrCoNi 飞片；CrCoNi 靶板
晶体结构	FCC
晶格参数	$a = b = c = 3.57$Å；$\alpha = \beta = \gamma = 90°$
ρ_0	8.295g·cm^{-3}

续表

项目	参数详情
C_L	$6.192\text{km}\cdot\text{s}^{-1}$
C_T	$3.181\text{km}\cdot\text{s}^{-1}$
C_B	$4.980\text{km}\cdot\text{s}^{-1}$
ν	0.32
σ_{HEL}	1.04GPa
σ_y	0.55GPa
C_0	$4.67\text{km}\cdot\text{s}^{-1}\pm0.05\text{km}\cdot\text{s}^{-1}$
s	1.81 ± 0.16
σ_{sp}	$3.82\sim4.27$GPa

表 4.16　CrCoNi 的 Hugoniot 实验数据

$u_f/$ $(\text{km}\cdot\text{s}^{-1})$	$u_{p_1}/$ $(\text{km}\cdot\text{s}^{-1})$	$u_{s_1}/$ $(\text{km}\cdot\text{s}^{-1})$	$u_{p_2}/$ $(\text{km}\cdot\text{s}^{-1})$	$u_{s_2}/$ $(\text{km}\cdot\text{s}^{-1})$	ε	$\rho/$ $(\text{g}\cdot\text{cm}^{-3})$	$\sigma/$ GPa
0	0	—	0	—	0	8.295	0
0.319	0.021	6.240	0.150	4.935	0.029	8.506	6.32
0.512	0.022	6.145	0.243	5.084	0.047	8.696	10.42
0.612	0.021	5.972	0.292	5.197	0.056	8.765	12.60
0.715	0.020	6.175	0.339	5.327	0.063	8.833	15.09
0.914	0.023	6.115	0.437	5.433	0.080	8.989	19.75

表 4.17　CrCoNi 的层裂实验数据

$h_f/$ mm	$h_t/$ mm	$u_f/$ $(\text{km}\cdot\text{s}^{-1})$	$\sigma/$ GPa	$\tau/$ μs	$\dot{\varepsilon}/$ (10^5s^{-1})	$\sigma_{sp}/$ GPa	$a_r/$ $(10^8\text{m}\cdot\text{s}^{-2})$	$\Delta u_r/$ $(\text{km}\cdot\text{s}^{-1})$
1.000	2.006	0.227	4.74	0.23	0.91	3.82	2.2	0.029
1.006	2.008	0.308	6.46	0.22	1.03	3.90	5.4	0.091
1.005	2.008	0.403	8.53	0.20	1.35	3.97	6.8	0.115
1.007	2.003	0.500	10.72	0.20	1.67	4.15	8.2	0.132
1.006	2.007	0.685	15.10	0.17	1.97	4.27	9.1	0.143

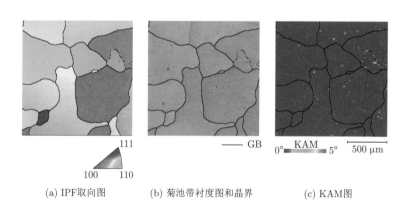

(a) IPF取向图　　　　(b) 菊池带衬度图和晶界　　　　(c) KAM图

图 4.36　CrCoNi 的 EBSD 表征

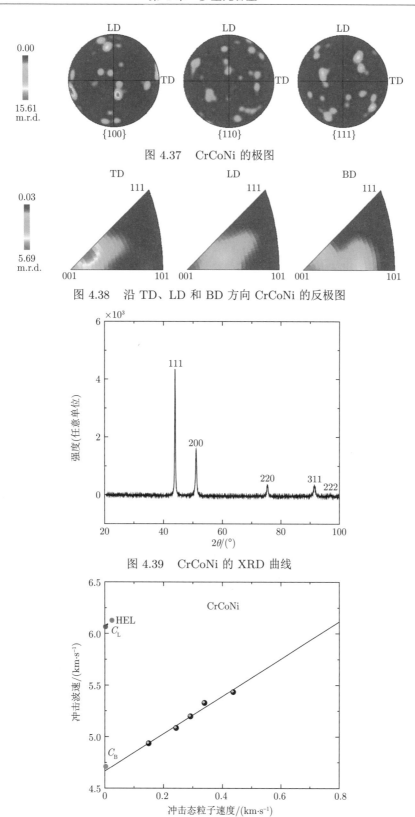

图 4.37　CrCoNi 的极图

图 4.38　沿 TD、LD 和 BD 方向 CrCoNi 的反极图

图 4.39　CrCoNi 的 XRD 曲线

图 4.40　CrCoNi 的冲击波速与冲击态粒子速度关系

实验参数和结果详见表 4.16

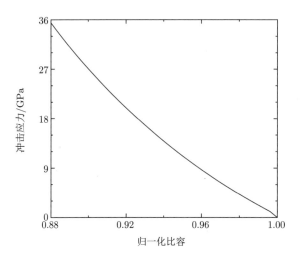

图 4.41　CrCoNi 的峰值冲击应力与归一化比容关系

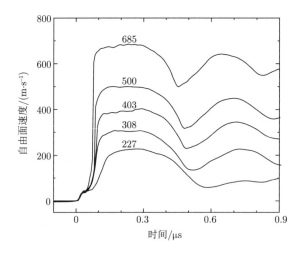

图 4.42　CrCoNi 在不同飞片速度下的自由面速度时程曲线 (层裂实验)
实验参数和结果详见表 4.17

第 5 章 聚 合 物

聚合物又称多聚物、高聚物和高分子化合物，指具有非常大的相对分子质量的化合物。聚合物通常由特定结构单元通过共价键多次重复连接构成。

本章包括如下 9 种聚合物的冲击物性数据：

- 丙烯腈-丁二烯-苯乙烯 (ABS) 树脂

- 聚酰胺-6(PA6)

- 聚酰胺-66(PA66)

- 聚碳酸酯 (PC)

- 聚醚醚酮 (PEEK)

- 聚对苯二甲酸乙二醇酯 (PET)

- 聚酰亚胺 (PI)

- 聚甲基丙烯酸甲酯 (PMMA)

- 超高分子量聚乙烯 (UHMWPE)

5.1 丙烯腈-丁二烯-苯乙烯 (ABS) 树脂

数据目录

- 基本材料和实验参数表 (表 5.1)

- Hugoniot 实验数据表 (表 5.2)

- 层裂实验数据表 (表 5.3)

- 初始样品拉曼光谱图 (图 5.1)

- 冲击波速 – 冲击态粒子速度 $(u_s\text{-}u_p)$ 关系图 (图 5.2)

- 冲击应力 – 归一化比容关系图 (图 5.3)

- 层裂实验样品自由面速度时程曲线 (图 5.4)

表 5.1　ABS 树脂的基本材料和实验参数

项目	参数详情
化学名称	丙烯腈-丁二烯-苯乙烯树脂
英文名称	acrylonitrile-butadiene-styrene resin
化学分子式	$C_3H_3N \cdot C_4H_6 \cdot C_8H_8$
制备方式	挤出成型
Hugoniot 实验几何	反碰法：ABS 飞片；PMMA 靶板
层裂实验几何	对称碰撞：ABS 飞片；ABS 靶板
ρ_0	$1.035\mathrm{g\cdot cm^{-3}}$
C_L	$2.083\mathrm{km\cdot s^{-1}}$
C_T	$0.972\mathrm{km\cdot s^{-1}}$
C_B	$1.755\mathrm{km\cdot s^{-1}}$
ν	0.36
C_0	$2.40\mathrm{km\cdot s^{-1}}\pm0.04\mathrm{km\cdot s^{-1}}$
s	1.03 ± 0.15
σ_{sp}	$0.052\sim0.062\mathrm{GPa}$

表 5.2　ABS 树脂的 Hugoniot 实验数据

$u_f/$ $(\mathrm{km\cdot s^{-1}})$	$u_p/$ $(\mathrm{km\cdot s^{-1}})$	$u_s/$ $(\mathrm{km\cdot s^{-1}})$	ε	$\rho/$ $(\mathrm{g\cdot cm^{-3}})$	$\sigma/$ GPa
0	0	—	0	1.035	0
0.200	0.116	2.527	0.046	1.085	0.30
0.307	0.178	2.599	0.068	1.111	0.48
0.412	0.236	2.609	0.090	1.137	0.64
0.510	0.294	2.685	0.110	1.162	0.82
0.625	0.353	2.787	0.127	1.185	1.02

表 5.3　ABS 树脂的层裂实验数据

$h_f/$ mm	$h_t/$ mm	$u_f/$ $(\mathrm{km\cdot s^{-1}})$	$\sigma/$ GPa	$\tau/$ μs	$\dot{\varepsilon}/$ $(10^5\mathrm{s^{-1}})$	$\sigma_{sp}/$ GPa	$a_r/$ $(10^8\mathrm{m\cdot s^{-2}})$
0.998	1.988	0.166	0.21	0.74	1.14	0.052	0.6
1.002	1.998	0.196	0.25	0.72	1.23	0.058	1.5
1.005	1.993	0.407	0.55	0.62	1.41	0.062	2.5
1.001	1.990	0.602	0.84	0.53	1.44	0.062	2.6

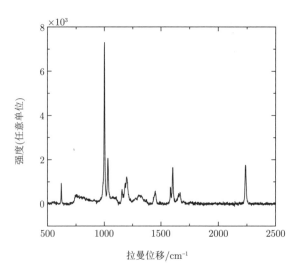

图 5.1　ABS 树脂的拉曼表征

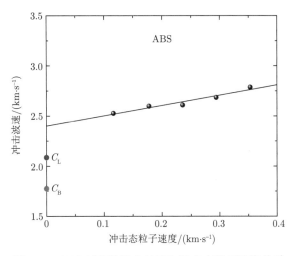

图 5.2　ABS 树脂的冲击波速与冲击态粒子速度关系
实验参数和结果详见表 5.2

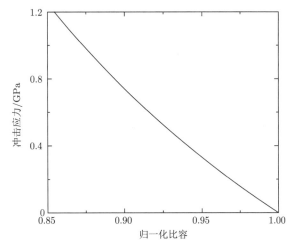

图 5.3　ABS 树脂的峰值冲击应力与归一化比容关系

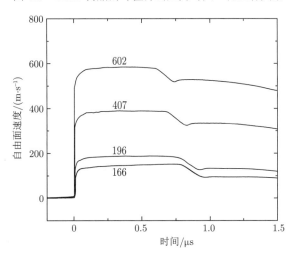

图 5.4　ABS 树脂在不同飞片速度下的自由面速度时程曲线 (层裂实验)
实验参数和结果详见表 5.3

5.2　聚酰胺-6(PA6)

数据目录

表 5.4　PA6 的基本材料和实验参数

项目	参数详情
化学名称	聚酰胺-6，俗称尼龙-6
英文名称	polyamide-6
化学分子式	$HN(CH_2)_5CO$
制备方式	挤出成型
Hugoniot 实验几何	反碰法：PA6 飞片；PMMA 靶板
层裂实验几何	对称碰撞：PA6 飞片；PA6 靶板
晶体结构	单斜晶系 α 型
ρ_0	1.156 $g \cdot cm^{-3}$
C_L	2.659$km \cdot s^{-1}$
C_T	1.042$km \cdot s^{-1}$
C_B	2.371$km \cdot s^{-1}$
ν	0.41
C_0	2.66$km \cdot s^{-1}$±0.02$km \cdot s^{-1}$
s	1.29±0.06
σ_{sp}	0.18~0.19GPa

表 5.5　PA6 的 Hugoniot 实验数据

$u_f/$ $(km \cdot s^{-1})$	$u_p/$ $(km \cdot s^{-1})$	$u_s/$ $(km \cdot s^{-1})$	ε	$\rho/$ $(g \cdot cm^{-3})$	$\sigma/$ GPa
0	0	—	0	1.156	0
0.103	0.056	2.733	0.021	1.180	0.18
0.310	0.164	2.866	0.057	1.226	0.54
0.507	0.267	3.018	0.088	1.268	0.93
0.692	0.359	3.104	0.116	1.307	1.29
0.808	0.415	3.205	0.130	1.328	1.54

表 5.6　PA6 的层裂实验数据

$h_f/$ mm	$h_t/$ mm	$u_f/$ $(km \cdot s^{-1})$	$\sigma/$ GPa	$\tau/$ μs	$\dot{\varepsilon}/$ $(10^5 s^{-1})$	$\sigma_{sp}/$ GPa	$a_r/$ $(10^8 m \cdot s^{-2})$	$\Delta u_r/$ $(km \cdot s^{-1})$
1.005	1.882	0.156	0.25	0.39	0.76	—	—	—
1.001	2.002	0.310	0.51	0.30	1.35	0.18	3.7	0.127
0.997	2.002	0.605	1.07	0.27	1.56	0.19	4.2	0.128

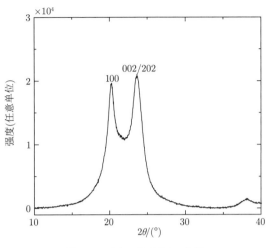

图 5.5　PA6 的 XRD 曲线

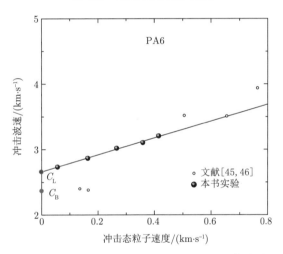

图 5.6　PA6 的冲击波速与冲击态粒子速度关系

实验参数和结果详见表 5.5，文献结果 [45,46] 用于对比

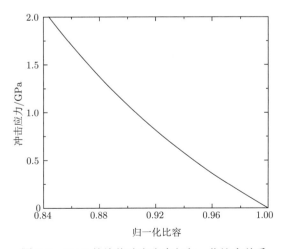

图 5.7　PA6 的峰值冲击应力与归一化比容关系

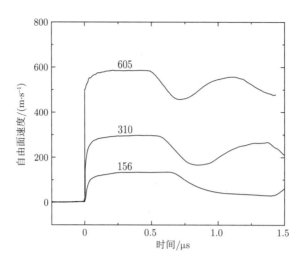

图 5.8　PA6 在不同飞片速度下的自由面速度时程曲线 (层裂实验)

实验参数和结果详见表 5.6

5.3　聚酰胺-66(PA66)

数据目录

表 5.7　PA66 的基本材料和实验参数

项目	参数详情
化学名称	聚酰胺-66，俗称尼龙-66
英文名称	polyamide-66
化学分子式	$\mathrm{HN(CH_2)_6NHOC(CH_2)_4CO}$
制备方式	挤出成型
Hugoniot 实验几何	反碰法：PA66 飞片；PMMA 靶板
层裂实验几何	对称碰撞：PA66 飞片；PA66 靶板
晶体结构	单斜晶系 α 型
ρ_0	$1.143\mathrm{g\cdot cm^{-3}}$
$C_{\rm L}$	$2.683\mathrm{km\cdot s^{-1}}$
$C_{\rm T}$	$1.102\mathrm{km\cdot s^{-1}}$

项目	参数详情
C_B	$2.362\mathrm{km\cdot s^{-1}}$
ν	0.40
C_0	$2.61\mathrm{km\cdot s^{-1}}\pm0.05\mathrm{km\cdot s^{-1}}$
s	1.81 ± 0.19
σ_{sp}	$0.22\sim0.23\mathrm{GPa}$

表 5.8　PA66 的 Hugoniot 实验数据

$u_f/$ $(\mathrm{km\cdot s^{-1}})$	$u_p/$ $(\mathrm{km\cdot s^{-1}})$	$u_s/$ $(\mathrm{km\cdot s^{-1}})$	ε	$\rho/$ $(\mathrm{g\cdot cm^{-3}})$	$\sigma/$ GPa
0	0	—	0	1.143	0
0.100	0.055	2.628	0.021	1.167	0.16
0.210	0.111	2.827	0.039	1.190	0.36
0.309	0.165	2.974	0.055	1.210	0.56
0.498	0.259	3.093	0.084	1.247	0.91
0.692	0.357	3.273	0.109	1.283	1.33
0.819	0.420	3.314	0.127	1.309	1.59

表 5.9　PA66 的层裂实验数据

$h_f/$ mm	$h_t/$ mm	$u_f/$ $(\mathrm{km\cdot s^{-1}})$	$\sigma/$ GPa	$\tau/$ $\mathrm{\mu s}$	$\dot{\varepsilon}/$ $(10^5\mathrm{s^{-1}})$	$\sigma_{sp}/$ GPa	$a_r/$ $(10^9\mathrm{m\cdot s^{-2}})$	$\Delta u_r/$ $(\mathrm{km\cdot s^{-1}})$
1.004	2.007	0.174	0.28	0.46	0.29	—	—	
1.005	2.008	0.212	0.34	0.45	0.91	0.22	0.9	0.155
1.001	2.002	0.310	0.51	0.43	1.52	0.23	1.1	0.159
1.001	1.998	0.498	0.87	0.43	1.63	0.23	1.0	0.159
0.999	2.001	0.598	1.07	0.36	1.73	0.23	0.9	0.161

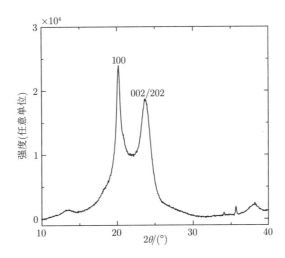

图 5.9　PA66 的 XRD 曲线

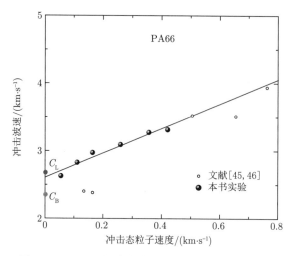

图 5.10　PA66 的冲击波速与冲击态粒子速度关系

实验参数和结果详见表 5.8，文献结果 [45,46] 用于对比

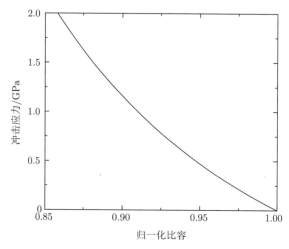

图 5.11　PA66 的峰值冲击应力与归一化比容关系

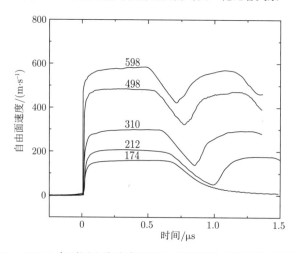

图 5.12　PA66 在不同飞片速度下的自由面速度时程曲线 (层裂实验)

实验参数和结果详见表 5.9

5.4　聚碳酸酯 (PC)

数据目录

表 5.10　PC 的基本材料和实验参数

项目	参数详情
化学名称	聚碳酸酯
英文名称	polycarbonate
化学分子式	$C_{16}H_{14}O_3$
Hugoniot 实验几何	对称碰撞：PC 飞片；PC 靶板
层裂实验几何	对称碰撞：PC 飞片；PC 靶板
ρ_0	$1.200\mathrm{g\cdot cm^{-3}}$
C_{L}	$2.153\mathrm{km\cdot s^{-1}}$
C_{T}	$0.921\mathrm{km\cdot s^{-1}}$
C_{B}	$1.872\mathrm{km\cdot s^{-1}}$
ν	0.39
C_0	$2.39\mathrm{km\cdot s^{-1}}\pm0.02\mathrm{km\cdot s^{-1}}$
s_1	0.70 ± 0.17
s_2	$1.24\mathrm{s\cdot km^{-1}}\pm0.35\mathrm{s\cdot km^{-1}}$
σ_{sp}	$0.16\sim0.20\mathrm{GPa}$

表 5.11　PC 的 Hugoniot 实验数据

$u_{\mathrm{f}}/$ $(\mathrm{km\cdot s^{-1}})$	$u_{\mathrm{p}}/$ $(\mathrm{km\cdot s^{-1}})$	$u_{\mathrm{s}}/$ $(\mathrm{km\cdot s^{-1}})$	ε	$\rho/$ $(\mathrm{g\cdot cm^{-3}})$	$\sigma/$ GPa
0	0	—	0	1.200	0
0.168	0.084	2.457	0.034	1.242	0.25
0.192	0.096	2.478	0.039	1.248	0.29
0.226	0.113	2.472	0.046	1.257	0.34
0.231	0.116	2.502	0.046	1.258	0.35
0.265	0.133	2.501	0.053	1.267	0.40
0.303	0.152	2.519	0.060	1.277	0.46
0.310	0.155	2.529	0.061	1.278	0.47
0.337	0.169	2.560	0.066	1.285	0.52
0.345	0.173	2.553	0.068	1.287	0.53
0.385	0.193	2.566	0.075	1.298	0.59
0.441	0.221	2.599	0.085	1.312	0.69
0.547	0.274	2.685	0.102	1.336	0.88
0.689	0.345	2.775	0.124	1.370	1.15
0.758	0.379	2.828	0.134	1.386	1.29

表 5.12　PC 的层裂实验数据

h_f/ mm	h_t/ mm	u_f/ (km·s^{-1})	σ/ GPa	τ/ μs	$\dot{\varepsilon}$/ (10^{5}s^{-1})	σ_{sp}/ GPa	a_r/ (10^{9}m·s^{-2})	Δu_r/ (km·s^{-1})
0.917	1.907	0.137	0.20	0.57	—	—	—	—
0.942	1.912	0.153	0.23	0.56	—	—	—	—
0.908	1.905	0.181	0.27	0.51	0.45	0.19	0.3	0.072
0.922	1.911	0.244	0.37	0.48	0.75	0.19	0.5	0.107
0.920	1.905	0.318	0.48	0.44	0.86	0.20	0.6	0.104
0.927	1.916	0.346	0.53	0.43	0.88	0.20	0.6	0.103
0.910	1.927	0.496	0.79	0.39	1.02	0.20	0.6	0.104
0.920	1.917	0.585	0.95	0.39	1.03	0.20	0.6	0.095
0.917	1.917	0.668	1.11	0.35	1.00	0.20	0.8	0.087
0.932	1.913	0.745	1.26	0.37	1.06	0.20	1.0	0.096
0.922	1.903	0.827	1.44	0.32	1.08	0.19	0.9	0.080
0.907	1.893	0.902	1.60	0.31	1.17	0.19	0.6	0.088
0.904	1.892	1.017	1.87	0.32	1.24	0.17	0.7	—
0.905	1.892	1.123	2.14	0.25	1.01	0.16	0.8	0.084
0.905	1.892	1.219	2.40	0.22	1.30	0.16	0.6	—

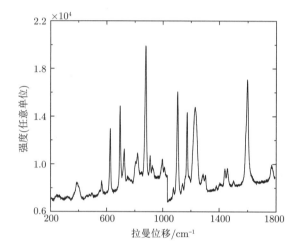

图 5.13　PC 的拉曼表征

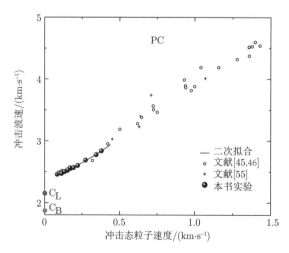

图 5.14　PC 的冲击波速与冲击态粒子速度关系

. 实验参数和结果详见表 5.11，文献结果[55] 用于对比

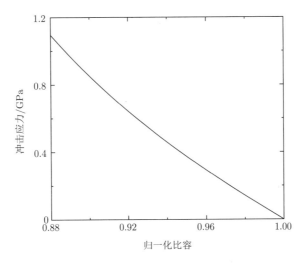

图 5.15 PC 的峰值冲击应力与归一化比容关系

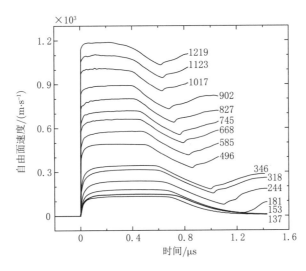

图 5.16 PC 在不同飞片速度下的自由面速度时程曲线 (层裂实验)
实验参数和结果详见表 5.12

5.5 聚醚醚酮 (PEEK)

数据目录

- 基本材料和实验参数表 (表 5.13)

- Hugoniot 实验数据表 (表 5.14)

- 层裂实验数据表 (表 5.15)

- 初始样品 XRD 曲线 (图 5.17)

- 冲击波速 – 冲击态粒子速度 $(u_s\text{-}u_p)$ 关系图 (图 5.18)

- 冲击应力 – 归一化比容关系图 (图 5.19)

- 层裂实验样品自由面速度时程曲线 (图 5.20)

- 声速 – 冲击应力关系图 (图 5.21)

表 5.13　PEEK 的基本材料和实验参数

项目	参数详情
化学名称	聚醚醚酮
英文名称	poly(ether-ether-ketone)
化学分子式	$C_{19}H_{14}O_3$
结晶度 χ	35%
Hugoniot 实验几何	反碰法：PEEK 飞片；PMMA 靶板
层裂实验几何	对称碰撞：PEEK 飞片；PEEK 靶板
晶体结构	斜方晶系
ρ_0	$1.323\text{g}\cdot\text{cm}^{-3}$
C_L	$2.482\text{km}\cdot\text{s}^{-1}$
C_T	$1.113\text{km}\cdot\text{s}^{-1}$
C_B	$2.213\text{km}\cdot\text{s}^{-1}$
ν	0.37
C_0	$2.47\text{km}\cdot\text{s}^{-1}\pm0.02\text{km}\cdot\text{s}^{-1}$
s_1	1.75 ± 0.09
s_2	$-0.10\text{s}\cdot\text{km}^{-1}\pm0.16\text{s}\cdot\text{km}^{-1}$
σ_{sp}	$0.18\sim0.22\text{GPa}$

表 5.14　PEEK 的 Hugoniot 实验数据

$u_f/$ $(\text{km}\cdot\text{s}^{-1})$	$u_p/$ $(\text{km}\cdot\text{s}^{-1})$	$u_s/$ $(\text{km}\cdot\text{s}^{-1})$	ε	$\rho/$ $(\text{g}\cdot\text{cm}^{-3})$	$\sigma/$ GPa	$C/$ $(\text{km}\cdot\text{s}^{-1})$
0	0	—	0	1.323	0	2.482
0.137	0.069	2.599	0.027	1.359	0.24	3.222
0.231	0.118	2.665	0.044	1.384	0.42	3.422
0.336	0.171	2.768	0.062	1.410	0.62	3.728
0.480	0.242	2.887	0.084	1.444	0.92	4.003
0.616	0.308	3.001	0.103	1.474	1.22	4.288
0.810	0.401	3.160	0.127	1.515	1.68	4.659
1.022	0.496	3.311	0.150	1.556	2.17	4.979

表 5.15　PEEK 的层裂实验数据

$h_f/$ mm	$h_t/$ mm	$u_f/$ $(\text{km}\cdot\text{s}^{-1})$	$\sigma/$ GPa	$\tau/$ μs	$\dot{\varepsilon}/$ (10^5s^{-1})	$\sigma_{sp}/$ GPa
1.016	1.988	0.135	0.23	0.70	—	—
1.020	1.998	0.150	0.26	0.68	0.24	0.18
1.033	2.005	0.158	0.27	0.70	0.59	0.20
1.024	2.008	0.195	0.34	0.68	1.01	0.20
1.038	1.999	0.305	0.55	0.66	1.22	0.21
1.002	2.003	0.424	0.79	0.58	1.23	0.22
0.986	1.989	0.658	1.32	0.52	1.40	0.22
1.003	2.001	0.820	1.72	0.46	1.57	0.20
1.005	1.999	0.915	1.97	0.44	1.62	0.19
1.002	2.000	1.123	2.55	0.35	1.45	0.19

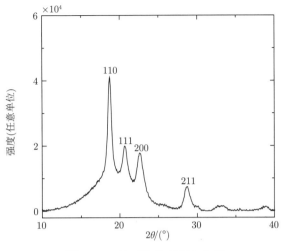

图 5.17　PEEK 的 XRD 曲线

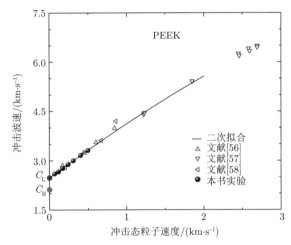

图 5.18　PEEK 的冲击波速与冲击态粒子速度关系

实验参数和结果详见表 5.14，文献结果[56-58] 用于对比

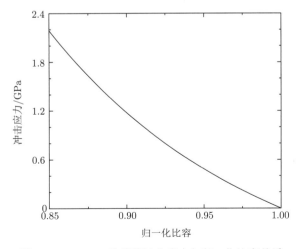

图 5.19　PEEK 的峰值冲击应力与归一化比容关系

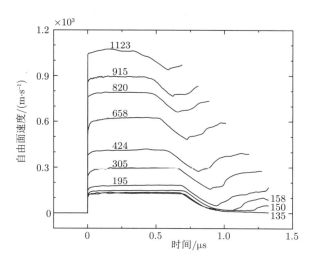

图 5.20　PEEK 在不同飞片速度下的自由面速度时程曲线 (层裂实验)

实验参数和结果详见表 5.15

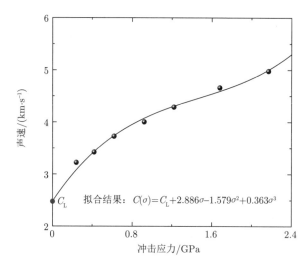

图 5.21　PEEK 的冲击态声速与冲击应力的关系

实验参数和结果详见表 5.14

5.6　聚对苯二甲酸乙二醇酯 (PET)

数据目录

- 基本材料和实验参数表 (表 5.16)
- Hugoniot 参数表 (表 5.17)
- Hugoniot 实验数据表 (表 5.18)
- 层裂实验数据表 (表 5.19)

- 初始样品拉曼光谱图 (图 5.22)

- 冲击波速 – 冲击态粒子速度 (u_s-u_p) 关系图 (图 5.23)

- 冲击应力 – 归一化比容关系图 (图 5.24)

- 层裂实验样品自由面速度时程曲线 (图 5.25)

表 5.16　PET 的基本材料和实验参数

项目	参数详情
化学名称	聚对苯二甲酸乙二醇酯
英文名称	polyethy-lene terephthalate
化学分子式	$C_{10}H_{12}O_6$
Hugoniot 实验几何	对称碰撞：PET 飞片；PET 靶板
层裂实验几何	对称碰撞：PET 飞片；PET 靶板
ρ_0	$1.340 \mathrm{g \cdot cm^{-3}}$
C_L	$2.322 \mathrm{km \cdot s^{-1}}$
C_T	$0.972 \mathrm{km \cdot s^{-1}}$
C_B	$2.033 \mathrm{km \cdot s^{-1}}$
ν	0.39
σ_{sp}	$0.15 \sim 0.18 \mathrm{GPa}$

表 5.17　PET 的 Hugoniot 参数

$u_p/$ $(\mathrm{km \cdot s^{-1}})$	$C_0/$ $(\mathrm{km \cdot s^{-1}})$	s_1	$s_2/$ $(\mathrm{s \cdot km^{-1}})$
$\leqslant 0.25$	2.38 ± 0.02	2.65 ± 0.18	-3.20 ± 0.55
> 0.25	2.47 ± 0.02	1.43 ± 0.05	0

表 5.18　PET 的 Hugoniot 实验数据

$u_f/$ $(\mathrm{km \cdot s^{-1}})$	$u_a/$ $(\mathrm{km \cdot s^{-1}})$	$u_p/$ $(\mathrm{km \cdot s^{-1}})$	$u_s/$ $(\mathrm{km \cdot s^{-1}})$	ε	$\rho/$ $(\mathrm{g \cdot cm^{-3}})$	$\sigma/$ GPa	n
0	0	0	—	0	1.340	0	1.548
0.097	0.045	0.048	2.501	0.019	1.361	0.16	1.560
0.195	0.091	0.097	2.606	0.037	1.387	0.34	1.572
0.309	0.145	0.154	2.707	0.057	1.416	0.56	1.584
0.399	0.187	0.200	2.787	0.072	1.438	0.74	1.595
0.536	0.249	0.268	2.857	0.094	1.473	1.02	1.612
0.619	0.291	0.310	2.907	0.107	1.494	1.20	1.620
0.708	0.335	0.354	2.987	0.119	1.514	1.41	1.629
0.804	0.374	0.402	3.052	0.132	1.538	1.64	1.641
0.912	0.424	0.456	3.120	0.146	1.564	1.90	1.653
1.005	0.468	0.502	3.181	0.158	1.585	2.13	1.663
1.087	0.505	0.543	3.256	0.167	1.603	2.36	1.671

表 5.19　PET 的层裂实验数据

$h_f/$ mm	$h_t/$ mm	$u_f/$ $(\mathrm{km \cdot s^{-1}})$	$\sigma/$ GPa	$\tau/$ μs	$\dot{\varepsilon}/$ $(10^5 \mathrm{s^{-1}})$	$\sigma_{sp}/$ GPa	$a_r/$ $(10^9 \mathrm{m \cdot s^{-2}})$	$\Delta u_r/$ $(\mathrm{km \cdot s^{-1}})$
0.980	1.946	0.090	0.15	0.69	—	0.15	0.2	—
0.955	1.946	0.115	0.19	0.65	0.25	0.15	0.2	0.04
0.954	1.948	0.181	0.31	0.63	1.15	0.17	1.0	0.07

续表

$h_f/$ mm	$h_t/$ mm	$u_f/$ (km·s^{-1})	$\sigma/$ GPa	$\tau/$ μs	$\dot{\varepsilon}/$ (10^5s^{-1})	$\sigma_{sp}/$ GPa	$a_r/$ (10^9m·s^{-2})	$\Delta u_r/$ (km·s^{-1})
0.955	1.941	0.309	0.56	0.58	1.33	0.17	1.2	0.06
0.960	1.945	0.415	0.77	0.45	1.25	0.17	1.3	0.06
0.960	1.945	0.503	0.96	0.42	1.25	0.17	2.3	—
0.952	1.937	0.585	1.13	0.48	1.36	0.17	1.5	0.07
0.961	1.940	0.675	1.33	0.40	1.36	0.18	1.6	0.06
0.965	1.938	0.735	1.47	0.44	1.33	0.17	1.9	0.08
0.970	1.945	0.816	1.66	0.40	1.52	0.17	1.2	0.06
0.979	1.949	0.891	1.85	0.40	1.47	0.17	1.5	0.06
0.975	1.941	0.922	1.93	0.39	1.43	0.18	2.2	0.06
0.975	1.941	1.005	2.14	0.35	1.69	0.18	2.0	0.06
0.961	1.945	1.101	2.40	0.34	1.48	0.17	1.6	0.07

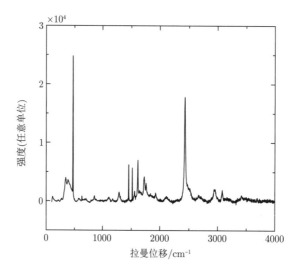

图 5.22　PET 的拉曼表征

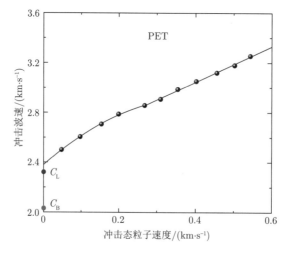

图 5.23　PET 的冲击波速与冲击态粒子速度关系
实线为多段拟合，详见表5.17；实验参数和结果详见表 5.18

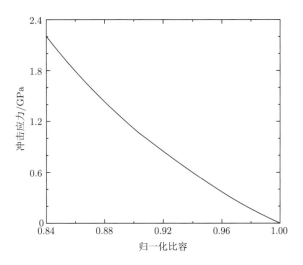

图 5.24　PET 的峰值冲击应力与归一化比容关系

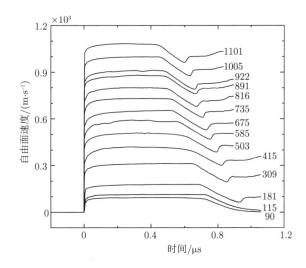

图 5.25　PET 在不同飞片速度下的自由面速度时程曲线 (层裂实验)
实验参数和结果详见表 5.19

5.7　聚酰亚胺 (PI)

数据目录

- 基本材料和实验参数表 (表 5.20)

- Hugoniot 实验数据表 (表 5.21)

- 层裂实验数据表 (表 5.22)

- 初始样品拉曼光谱图 (图 5.26)

- 冲击波速 – 冲击态粒子速度 (u_s-u_p) 关系图 (图 5.27)

- 冲击应力 – 归一化比容关系图 (图 5.28)

- 层裂实验样品自由面速度时程曲线 (图 5.29)

表 5.20 PI 的基本材料和实验参数

项目	参数详情
化学名称	聚酰亚胺
英文名称	polyimide
化学分子式	$C_6H_4O - C_6H_4N(OC)_2(C_6H_2)(OC)_2N$
Hugoniot 实验几何	反碰法：PI 飞片；PMMA 靶板
层裂实验几何	对称碰撞：PI 飞片；PI 靶板
ρ_0	$1.442\mathrm{g}\cdot\mathrm{cm}^{-3}$
C_L	$1.922\mathrm{km}\cdot\mathrm{s}^{-1}$
C_T	$0.980\mathrm{km}\cdot\mathrm{s}^{-1}$
C_B	$1.554\mathrm{km}\cdot\mathrm{s}^{-1}$
ν	0.32
C_0	$2.51\mathrm{km}\cdot\mathrm{s}^{-1}\pm0.02\mathrm{km}\cdot\mathrm{s}^{-1}$
s	1.07 ± 0.08
σ_sp	$0.14\sim0.15\mathrm{GPa}$

表 5.21 PI 的 Hugoniot 实验数据

$u_\mathrm{f}/$ $(\mathrm{km}\cdot\mathrm{s}^{-1})$	$u_\mathrm{p}/$ $(\mathrm{km}\cdot\mathrm{s}^{-1})$	$u_\mathrm{s}/$ $(\mathrm{km}\cdot\mathrm{s}^{-1})$	ε	$\rho/$ $(\mathrm{g}\cdot\mathrm{cm}^{-3})$	$\sigma/$ GPa
0	0	—	0	1.442	0
0.195	0.095	2.626	0.036	1.496	0.36
0.419	0.208	2.724	0.077	1.561	0.82
0.493	0.243	2.758	0.088	1.581	0.97
0.607	0.298	2.821	0.106	1.612	1.21
0.770	0.375	2.922	0.128	1.655	1.58

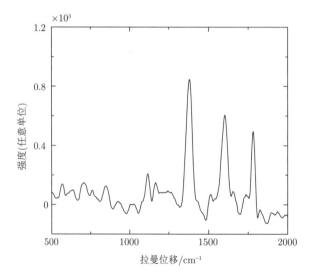

图 5.26 PI 的拉曼表征

表 5.22　PI 的层裂实验数据

$h_{\mathrm{f}}/$ mm	$h_{\mathrm{t}}/$ mm	$u_{\mathrm{f}}/$ (km·s^{-1})	$\sigma/$ GPa	$\tau/$ μs	$\dot{\varepsilon}/$ (10^5s^{-1})	$\sigma_{\mathrm{sp}}/$ GPa	$a_{\mathrm{r}}/$ (10^8m·s^{-2})
1.005	2.008	0.165	0.31	0.61	1.83	0.15	2.3
1.007	2.004	0.307	0.59	0.58	2.04	0.14	2.7
1.008	2.011	0.401	0.79	0.53	1.92	0.15	3.5
1.005	2.002	0.505	1.01	0.53	1.86	0.15	3.4

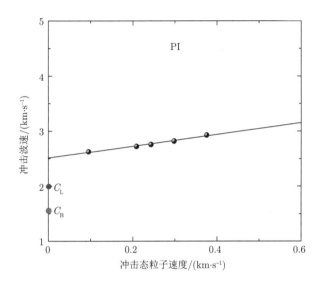

图 5.27　PI 的冲击波速与冲击态粒子速度关系

实验参数和结果详见表 5.21

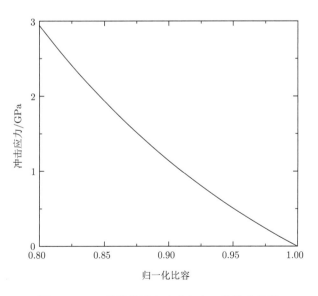

图 5.28　PI 的峰值冲击应力与归一化比容关系

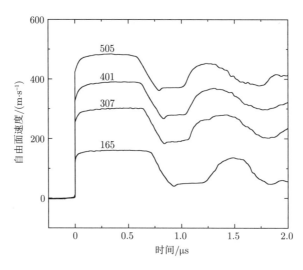

图 5.29　PI 在不同飞片速度下的自由面速度时程曲线 (层裂实验)

实验参数和结果详见表 5.22

5.8　聚甲基丙烯酸甲酯 (PMMA)

数据目录

- 基本材料和实验参数表 (表 5.23)

- Hugoniot 参数表 (表 5.24)

- Hugoniot 实验数据表 (表 5.25)

- 层裂实验数据表 (表 5.26)

- 初始样品拉曼光谱图 (图 5.30)

- 冲击波速 – 冲击态粒子速度 (u_s-u_p) 关系图 (图 5.31)

- 冲击应力 – 归一化比容关系图 (图 5.32)

- 层裂实验样品自由面速度时程曲线 (图 5.33)

- 冲击态声速 – 冲击应力关系图 (图 5.34)

表 5.23　PMMA 的基本材料和实验参数

项目	参数详情
化学名称	聚甲基丙烯酸甲酯
英文名称	poly(methyl methacrylate)
化学分子式	$C_5H_8O_2$
Hugoniot 实验几何	对称碰撞：PMMA 飞片；PMMA 靶板
层裂实验几何	对称碰撞：PMMA 飞片；PMMA 靶板
ρ_0	1.191g·cm^{-3}
C_L	2.622km·s^{-1}

续表

项目	参数详情
C_{T}	1.331km·s^{-1}
C_{B}	2.124km·s^{-1}
ν	0.33
σ_{sp}	$0.12{\sim}0.15\text{GPa}$

表 5.24　PMMA 的 Hugoniot 参数

$u_{\text{p}}/$ (km·s^{-1})	$C_0/$ (km·s^{-1})	s_1	$s_2/$ (s·km^{-1})
$\leqslant 0.18$	2.85 ± 0.01	2.11 ± 0.08	0
> 0.18	3.17 ± 0.05	0.20 ± 0.14	0.69 ± 0.10

表 5.25　PMMA 的 Hugoniot 实验数据

$u_{\text{f}}/$ (km·s^{-1})	$u_{\text{p}}/$ (km·s^{-1})	$u_{\text{s}}/$ (km·s^{-1})	ε	$\rho/$ (g·cm^{-3})	$\sigma/$ GPa	$C/$ (km·s^{-1})
0	0	—	0	1.191	0	2.622
0.134	0.067	2.988	0.022	1.222	0.24	3.415
0.204	0.102	3.065	0.033	1.236	0.37	—
0.210	0.105	3.079	0.034	1.237	0.39	3.488
0.285	0.142	3.139	0.045	1.252	0.53	3.527
0.342	0.171	3.212	0.053	1.262	0.66	3.544
0.345	0.173	3.216	0.054	1.263	0.66	3.541
0.399	0.200	3.236	0.062	1.274	0.77	—
0.459	0.229	3.262	0.070	1.285	0.89	3.597
0.531	0.265	3.280	0.081	1.300	1.04	—
0.615	0.308	3.306	0.093	1.318	1.22	—
0.744	0.372	3.357	0.111	1.344	1.49	—
0.888	0.444	3.389	0.131	1.375	1.80	—
1.021	0.510	3.440	0.148	1.403	2.10	—
1.073	0.536	3.483	0.154	1.412	2.23	—
1.209	0.604	3.537	0.171	1.441	2.55	—
1.236	0.618	3.544	0.174	1.447	2.62	—
1.417	0.708	3.668	0.193	1.481	3.10	6.088
1.865	0.933	3.923	0.238	1.568	4.37	7.212
2.315	1.157	4.399	0.263	1.622	6.08	7.938
2.320	1.160	4.396	0.264	1.623	6.09	—
2.595	1.298	4.522	0.287	1.676	7.01	8.342

表 5.26　PMMA 的层裂实验数据

$h_{\text{f}}/$ mm	$h_{\text{t}}/$ mm	$u_{\text{f}}/$ (km·s^{-1})	$\sigma/$ GPa	$\tau/$ μs	$\dot{\varepsilon}/$ (10^5s^{-1})	$\sigma_{\text{sp}}/$ GPa	$a_{\text{r}}/$ (10^9m·s^{-2})
1.005	1.994	0.149	0.27	0.57	1.32	0.13	0.5
0.995	1.995	0.179	0.32	0.56	1.42	0.13	0.6
0.994	2.002	0.200	0.36	0.54	1.37	0.12	1.1
1.005	1.990	0.288	0.54	0.52	1.83	0.14	1.8
0.999	1.985	0.453	0.88	0.46	1.97	0.15	1.9
1.000	2.000	0.599	1.17	0.39	1.86	0.15	2.5
0.995	1.999	0.708	1.40	0.38	1.88	0.15	1.7

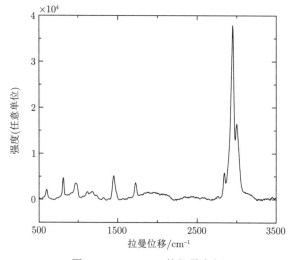

图 5.30　PMMA 的拉曼表征

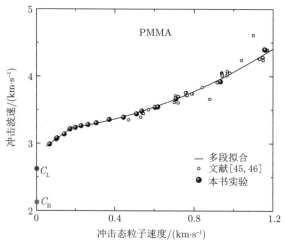

图 5.31　PMMA 的冲击波速与冲击态粒子速度关系

实验参数和结果详见表 5.19，文献结果 [45,46] 用于对比

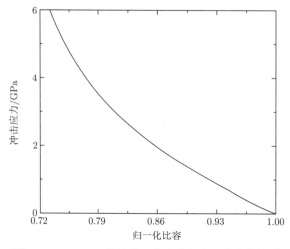

图 5.32　PMMA 的峰值冲击应力与归一化比容关系

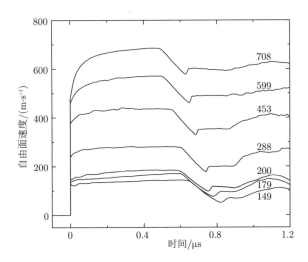

图 5.33　PMMA 在不同飞片速度下的自由面速度时程曲线 (层裂实验)

实验参数和结果详见表 5.26

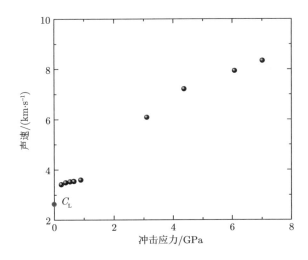

图 5.34　PMMA 的冲击态声速与冲击应力的关系

实验参数和结果详见表 5.25

5.9　超高分子量聚乙烯 (UHMWPE)

数据目录

- 基本材料和实验参数表 (表 5.27)

- Hugoniot 实验数据表 (表 5.28)

- 层裂实验数据表 (表 5.29)

- 初始样品 XRD 曲线 (图 5.35)

- 冲击波速 – 冲击态粒子速度 $(u_\mathrm{s}\text{-}u_\mathrm{p})$ 关系图 (图 5.36)

- 冲击应力 – 归一化比容关系图 (图 5.37)

- 层裂实验样品自由面速度时程曲线 (图 5.38)

表 5.27　UHMWPE 的基本材料和实验参数

项目	参数详情
化学名称	超高分子量聚乙烯
英文名称	ultra-high mole-cular weight polyethylene
化学分子式	CH_2CH_2
Hugoniot 实验几何	反碰法：UHMWPE 飞片；PMMA 靶板
层裂实验几何	对称碰撞：UHMWPE 飞片；UHMWPE 靶板
晶体结构	斜方晶系
ρ_0	$0.956\mathrm{g\cdot cm^{-3}}$
C_L	$2.280\mathrm{km\cdot s^{-1}}$
C_T	$1.149\mathrm{km\cdot s^{-1}}$
C_B	$1.854\mathrm{km\cdot s^{-1}}$
ν	0.33
C_0	$2.34\mathrm{km\cdot s^{-1}}\pm0.02\mathrm{km\cdot s^{-1}}$
s	1.90 ± 0.04
σ_sp	$0.04\sim0.07\mathrm{GPa}$

表 5.28　UHMWPE 的 Hugoniot 实验数据

$u_\mathrm{f}/$ $(\mathrm{km\cdot s^{-1}})$	$u_\mathrm{p}/$ $(\mathrm{km\cdot s^{-1}})$	$u_\mathrm{s}/$ $(\mathrm{km\cdot s^{-1}})$	ε	$\rho/$ $(\mathrm{g\cdot cm^{-3}})$	$\sigma/$ GPa
0	0	—	0	0.956	0
0.148	0.088	2.518	0.035	0.990	0.21
0.198	0.116	2.573	0.045	1.001	0.28
0.324	0.190	2.695	0.071	1.029	0.49
0.454	0.264	2.839	0.093	1.054	0.71
0.606	0.348	2.978	0.117	1.082	0.98
0.795	0.446	3.180	0.140	1.112	1.34
1.043	0.572	3.445	0.166	1.146	1.86

表 5.29　UHMWPE 的层裂实验数据

$h_\mathrm{f}/$ mm	$h_\mathrm{t}/$ mm	$u_\mathrm{f}/$ $(\mathrm{km\cdot s^{-1}})$	$\sigma/$ GPa	$\tau/$ $\mu\mathrm{s}$	$\dot{\varepsilon}/$ $(10^5\mathrm{s^{-1}})$	$\sigma_\mathrm{sp}/$ GPa	$a_\mathrm{r}/$ $(10^8\mathrm{m\cdot s^{-2}})$	$\Delta u_\mathrm{r}/$ $(\mathrm{km\cdot s^{-1}})$
0.998	2.006	0.103	0.12	0.41	1.13	0.07	2.5	0.071
1.003	1.998	0.287	0.36	0.39	1.47	0.07	2.0	0.034
0.997	1.994	0.366	0.47	0.40	1.62	0.07	2.6	0.033
0.995	1.996	0.523	0.71	0.36	1.81	0.07	1.9	0.031
1.004	1.998	0.623	0.87	0.33	1.77	0.07	2.4	0.029
0.998	2.003	0.696	1.00	0.32	1.78	0.07	2.0	0.026
0.999	2.005	0.809	1.20	0.28	1.77	0.06	1.9	0.021
1.000	1.998	0.923	1.42	0.28	1.87	0.06	1.2	0.017
1.001	1.999	1.026	1.62	0.29	1.87	0.06	1.1	0.014
1.004	2.005	1.080	1.73	0.30	1.52	0.05	0.5	0.003
0.996	1.995	1.113	1.80	0.29	1.68	0.05	—	—
0.995	1.996	1.183	1.96	0.26	1.42	0.04	—	—

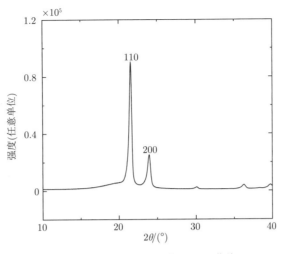

图 5.35　UHMWPE 的 XRD 曲线

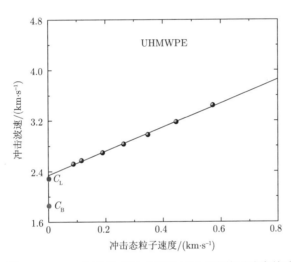

图 5.36　UHMWPE 的冲击波速与冲击态粒子速度关系
实验参数和结果详见表 5.28

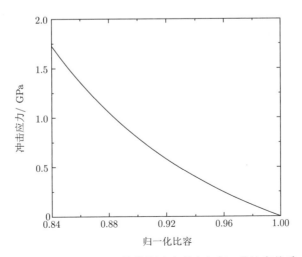

图 5.37　UHMWPE 的峰值冲击应力与归一化比容关系

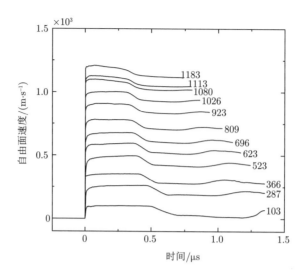

图 5.38　UHMWPE 在不同飞片速度下的自由面速度时程曲线 (层裂实验)
实验参数和结果详见表 5.29

第 6 章　纤维复合材料

纤维复合材料是由纤维和高分子材料等两种或两种以上的材料经过复合工艺而制备的多相材料。

本章包括如下 3 种纤维复合材料的冲击物性数据:

- 碳纤维增强环氧复合材料 (CFREC)
- 碳纤维 (CF)/PEEK 复合材料
- 玻璃纤维 (GF)/PEEK 复合材料

6.1　碳纤维增强环氧复合材料 (CFREC)

数据目录

- 基本材料和实验参数表 (表 6.1)
- Hugoniot 实验数据表 (表 6.2)
- 层裂实验数据表 (表 6.3)
- 初始样品 SEM 表征图 (图 6.1)
- 冲击波速 – 冲击态粒子速度 (u_s-u_p) 关系图 (图 6.2)
- 冲击应力 – 归一化比容关系图 (图 6.3)
- 层裂实验样品自由面速度时程曲线 (图 6.4)

表 6.1　CFREC 的基本材料和实验参数

项目	参数详情
制备方式	热压成型 外层: 层状编制 内层: 单向 [0°/90°] 交替
Hugoniot 实验几何 层裂实验几何	反碰法: CFREC 飞片; PMMA 靶板 对称碰撞: CFREC 飞片; CFREC 靶板
ρ_0 C_L C_T C_B ν C_0	$1.520\text{g}\cdot\text{cm}^{-3}$ $3.036\text{km}\cdot\text{s}^{-1}$ $1.448\text{km}\cdot\text{s}^{-1}$ $2.534\text{km}\cdot\text{s}^{-1}$ 0.35 $2.88\text{km}\cdot\text{s}^{-1}\pm0.02\text{km}\cdot\text{s}^{-1}$

续表

项目	参数详情
s	1.08 ± 0.06
σ_{sp}	$0.17\sim0.20$GPa

表 6.2　CFREC (BD) 的 Hugoniot 实验数据

$u_{\mathrm{f}}/$ (km·s^{-1})	$u_{\mathrm{p}}/$ (km·s^{-1})	$u_{\mathrm{s}}/$ (km·s^{-1})	ε	$\rho/$ (g·cm^{-3})	$\sigma/$ GPa
0	0	—	0	1.520	0
0.227	0.102	3.006	0.034	1.574	0.47
0.527	0.236	3.135	0.075	1.644	1.13
0.682	0.305	3.203	0.095	1.680	1.49
0.870	0.389	3.298	0.118	1.723	1.95
1.015	0.455	3.393	0.134	1.755	2.34

表 6.3　CFREC (BD) 的层裂实验数据

$h_{\mathrm{f}}/$ mm	$h_{\mathrm{t}}/$ mm	$u_{\mathrm{f}}/$ (km·s^{-1})	$\sigma/$ GPa	$\tau/$ μs	$\dot{\varepsilon}/$ (10^5s^{-1})	$\sigma_{\mathrm{sp}}/$ GPa	$a_{\mathrm{r}}/$ (10^8m·s^{-2})	$\Delta u_{\mathrm{r}}/$ (km·s^{-1})
1.002	2.002	0.139	0.31	0.55	0.30	0.19	2.9	0.049
0.998	2.006	0.158	0.36	0.55	0.28	0.18	3.9	0.047
1.003	1.998	0.219	0.50	0.54	0.54	0.17	3.8	0.044
0.997	1.994	0.258	0.59	0.55	0.70	0.18	5.9	0.077
0.995	1.996	0.344	0.80	0.55	0.94	0.17	5.4	0.057
1.004	1.998	0.421	1.00	0.52	0.82	0.19	5.0	0.078
0.998	2.003	0.532	1.28	0.47	0.80	0.19	8.8	0.096
0.999	2.005	0.702	1.74	0.47	1.09	0.18	8.7	0.076
1.000	1.998	0.822	2.08	0.46	1.12	0.20	7.3	0.075

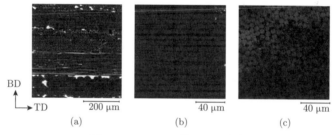

图 6.1　CFREC 的 SEM 表征

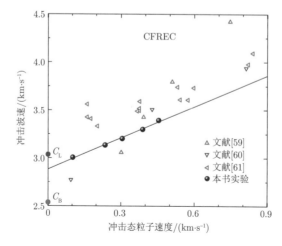

图 6.2　CFREC (BD) 的冲击波速与冲击态粒子速度关系

实验参数和结果详见表 6.2，文献结果[59-61] 用于对比

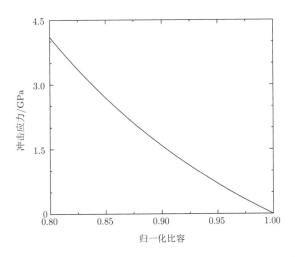

图 6.3　CFREC (BD) 的峰值冲击应力与归一化比容关系

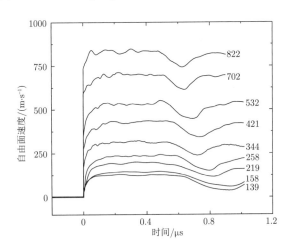

图 6.4　CFREC (BD) 在不同飞片速度下的自由面速度时程曲线 (层裂实验)
实验参数和结果详见表 6.3

6.2　碳纤维 (CF)/PEEK 复合材料

数据目录

- 基本材料和实验参数表 (表 6.4)

- Hugoniot 实验数据表 (表 6.5)

- 层裂实验数据表 (表 6.6)

- 初始样品 CT 表征图 (图 6.5)

- 纤维特征统计图 (图 6.6)

- 冲击波速 – 冲击态粒子速度 (u_s-u_p) 关系图 (图 6.7)

- 冲击应力–归一化比容关系图 (图 6.8)
- 层裂实验样品自由面速度时程曲线 (图 6.9)

表 6.4　CF/PEEK 的基本材料和实验参数

项目	参数详情
制备方式 成分 (质量分数)/%	挤出成型 CF(30)；PEEK(70)
Hugoniot 实验几何 层裂实验几何	反碰法：CF/PEEK 飞片；PMMA 靶板 对称碰撞：CF/PEEK；CF/PEEK 靶板
ρ_0 C_L C_T C_B ν C_0 s σ_{sp}	1.374g·cm^{-3} 2.567km·s^{-1} 1.237km·s^{-1} 2.132km·s^{-1} 0.35 2.64km·s^{-1}±0.01km·s^{-1} 1.47±0.03 0.11~0.18GPa

表 6.5　CF/PEEK 的 Hugoniot 实验数据

$u_f/$ (km·s^{-1})	$u_p/$ (km·s^{-1})	$u_s/$ (km·s^{-1})	ε	$\rho/$ (g·cm^{-3})	$\sigma/$ GPa
0	0	—	0	1.374	0
0.201	0.098	2.783	0.035	1.424	0.39
0.305	0.148	2.867	0.052	1.449	0.62
0.417	0.205	2.950	0.070	1.477	0.89
0.602	0.291	3.068	0.095	1.518	1.36
0.783	0.373	3.193	0.117	1.556	1.85

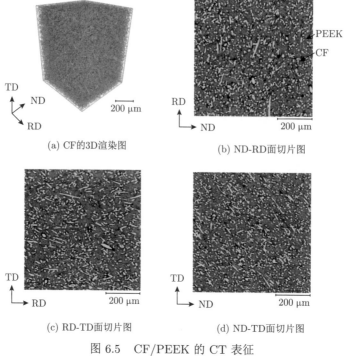

(a) CF的3D渲染图　　　　　　　(b) ND-RD面切片图

(c) RD-TD面切片图　　　　　　　(d) ND-TD面切片图

图 6.5　CF/PEEK 的 CT 表征

表 6.6　CF/PEEK 的层裂实验数据

$h_f/$ mm	$h_t/$ mm	$u_f/$ (km·s^{-1})	$\sigma/$ GPa	$\tau/$ μs	$\dot{\varepsilon}/$ (10^5s^{-1})	$\sigma_{sp}/$ GPa	$a_r/$ (10^8m·s^{-2})	$\Delta u_r/$ (km·s^{-1})
1.007	2.003	0.160	0.30	0.45	1.72	0.18	8.2	0.077
0.988	2.006	0.400	0.81	0.49	0.77	0.11	2.7	0.064

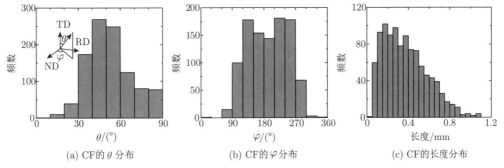

(a) CF的 θ 分布　　　　(b) CF的 φ 分布　　　　(c) CF的长度分布

图 6.6　CF/PEEK 的纤维统计图

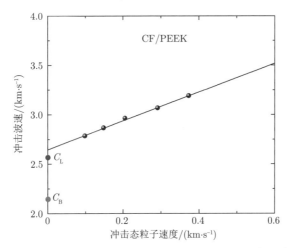

图 6.7　CF/PEEK 的冲击波速与冲击态粒子速度关系

实验参数和结果详见表 6.5

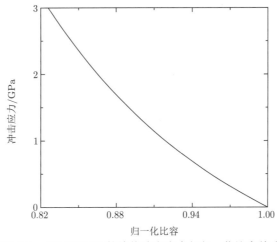

图 6.8　CF/PEEK 的峰值冲击应力与归一化比容关系

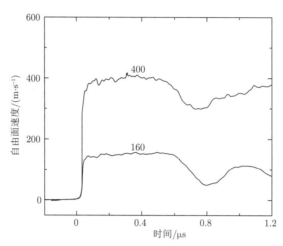

图 6.9　CF/PEEK 在不同飞片速度下的自由面速度时程曲线 (层裂实验)
实验参数和结果详见表 6.6

6.3　玻璃纤维 (GF)/PEEK 复合材料

数据目录

- 基本材料和实验参数表 (表 6.7)
- Hugoniot 实验数据表 (表 6.8)
- 层裂实验数据表 (表 6.9)
- 初始样品 CT 表征图 (图 6.10)
- 纤维特征统计图 (图 6.11)
- 冲击波速 – 冲击态粒子速度 (u_s-u_p) 关系图 (图 6.12)
- 冲击应力 – 归一化比容关系图 (图 6.13)
- 层裂实验样品自由面速度时程曲线 (图 6.14)

表 6.7　GF/PEEK 的基本材料和实验参数

项目	参数详情
制备方式 成分 (质量分数)/%	挤出成型 GF(30)；PEEK(70)
Hugoniot 实验几何 层裂实验几何	反碰法：GF/PEEK 飞片；PMMA 靶板 对称碰撞：GF/PEEK 飞片；GF/PEEK 靶板
ρ_0 C_L C_T C_B ν C_0	1.557g·cm^{-3} 2.616km·s^{-1} 1.301km·s^{-1} 2.142km·s^{-1} 0.34 $2.81\text{km·s}^{-1}\pm0.01\text{km·s}^{-1}$

续表

项目	参数详情
s	0.93±0.05
σ_{sp}	0.15~0.16GPa

表 6.8 GF/PEEK 的 Hugoniot 实验数据

$u_f/$ $(km \cdot s^{-1})$	$u_p/$ $(km \cdot s^{-1})$	$u_s/$ $(km \cdot s^{-1})$	ε	$\rho/$ $(g \cdot cm^{-3})$	$\sigma/$ GPa
0	0	—	0	1.557	0
0.193	0.087	2.894	0.030	1.605	0.39
0.414	0.191	2.976	0.064	1.664	0.88
0.576	0.260	3.051	0.085	1.702	1.24
0.753	0.337	3.124	0.108	1.745	1.64

表 6.9 GF/PEEK 的层裂实验数据

$h_f/$ mm	$h_t/$ mm	$u_f/$ $(km \cdot s^{-1})$	$\sigma/$ GPa	$\tau/$ μs	$\dot{\varepsilon}/$ $(10^5 s^{-1})$	$\sigma_{sp}/$ GPa	$a_r/$ $(10^8 m \cdot s^{-2})$	$\Delta u_r/$ $(km \cdot s^{-1})$
0.996	1.997	0.213	0.48	0.46	0.75	0.16	2.0	0.045
0.998	2.004	0.401	0.94	0.41	0.48	0.16	2.8	0.037
1.006	2.006	0.609	1.47	0.48	1.10	0.15	1.2	0.044

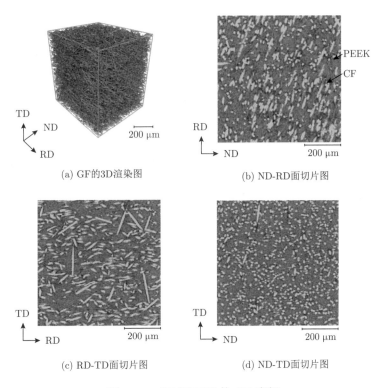

(a) GF的3D渲染图

(b) ND-RD面切片图

(c) RD-TD面切片图

(d) ND-TD面切片图

图 6.10 GF/PEEK 的 CT 表征

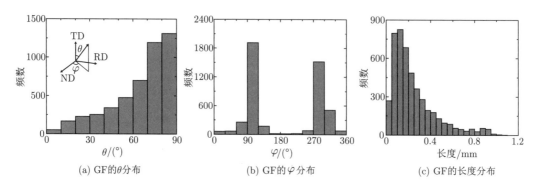

(a) GF的θ分布　　　　　　(b) GF的φ分布　　　　　　(c) GF的长度分布

图 6.11　GF/PEEK 的纤维统计图

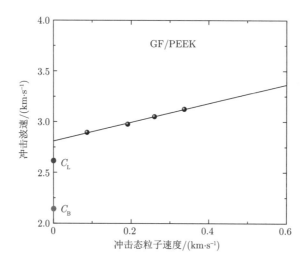

图 6.12　GF/PEEK 的冲击波速与冲击态粒子速度关系

实验参数和结果详见表 6.8

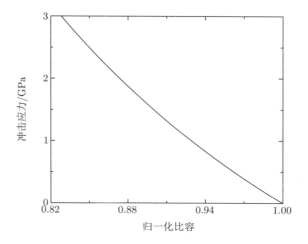

图 6.13　GF/PEEK 的峰值冲击应力与归一化比容关系

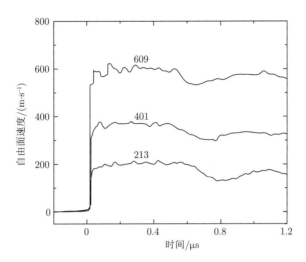

图 6.14　GF/PEEK 在不同飞片速度下的自由面速度时程曲线 (层裂实验)

实验参数和结果详见表 6.9

参 考 文 献

[1] 周玉, 武高辉. 材料分析测试技术: 材料 X 射线衍射与电子显微分析[M]. 2 版. 哈尔滨: 哈尔滨工业大学出版社, 2007.

[2] 范雄. 金属 X 射线学[M]. 北京: 机械工业出版社, 1989.

[3] 胡家璁. 高分子 X 射线学[M]. 北京: 科学出版社, 2003.

[4] Bragg W H, Bragg W L. The reflection of X-rays by crystals[J]. Proceedings of the Royal Society of London Series A, Containing Papers of a Mathematical and Physical Character, 1913, 88(605): 428-438.

[5] Gottstein G. Physical Foundations of Materials Science[M]. Berlin: Springer, 2004.

[6] 张大同. 扫描电镜与能谱仪分析技术[M]. 广州: 华南理工大学出版社, 2009.

[7] Randle V, Engler O. Introduction to Texture Analysis: Macrotexture, Microtexture and Orientation Mapping[M]. Amsterdam: Gordon and Breach Science Publishers, 2000.

[8] 杨平. 电子背散射衍射技术及其应用[M]. 北京: 冶金工业出版社, 2007.

[9] Hsieh J. Computed Tomography: Principles, Design, Artifacts, and Recent Advances, Fourth Edition [M]. Bellingham: SPIE Press, 2022.

[10] Codling K. Applications of synchrotron radiation (ultraviolet spectral light source)[J]. Reports on Progress in Physics, 1973, 36(5): 541.

[11] 程光煦. 拉曼布里渊散射[M]. 2 版. 北京: 科学出版社, 2008.

[12] 吴国祯. 分子振动光谱学原理与研究[M]. 北京: 清华大学出版社, 2001.

[13] Chung D H, Silversmith D J, Chick B B. A modified ultrasonic pulse-echo-overlap method for determining sound velocities and attenuation of solids[J]. Review of Scientific Instruments, 1969, 40(5): 718-720.

[14] 谭华, 俞宇颖. 泊松比与声速[J]. 高能量密度物理, 2012(2): 47-53.

[15] Seigel A E. The Theory of High Speed Guns[R]. Advisory Group for Aerospace Research and Development Neuilly-sur-seine (France), Silver Spring, Maryland: United States Naval Ordnance Laboratory, 1965.

[16] 经福谦, 陈俊祥. 动高压原理与技术[M]. 北京: 国防工业出版社, 2006.

[17] Rohrbach Z J, Buresh T R, Madsen M J. Modeling the exit velocity of a compressed air cannon[J]. American Journal of Physics, 2012, 80(1): 24-26.

[18] Brown J R, Chappell P C, Egglestone G T, et al. A gas-Gun facility for material impact studies using low-velocity, low-mass projectiles[J]. Journal of Physics E: Scientific Instruments, 1989, 22(9): 771-774.

[19] Porat Y, Gvishi M. The performance of a short-barrelled gas Gun[J]. Journal of Physics E: Scientific Instruments, 1980, 13(5): 504-505.

[20] 王金贵. 气体炮原理及技术[M]. 北京: 国防工业出版社, 2001.

[21] Strand O T, Goosman D R, Martinez C, et al. Compact system for high-speed velocimetry using heterodyne techniques[J]. Review of Scientific Instruments, 2006, 77(8): 083108.

[22] 谭华, 翁继东, 王翔. 新一代全光纤激光干涉速度测量系统[C]//中国力学学会.第八届全国爆炸力学学术会议, 吉安, 2007.

[23] 江超群. 532nm 全光纤位移干涉仪的研制及应用[D]. 绵阳: 中国工程物理研究院, 2018.

[24] Mercier P, Bénier J, Frugier P A, et al. Heterodyne velocimetry and detonics experiments[C]//Kleine H, Butron Guillen M P. 28th International Congress on High-Speed Imaging and Photonics. Canberra, Australia, 2008.

[25] Dolan D H. Accuracy and precision in photonic Doppler velocimetry[J]. The Review of Scientific Instruments, 2010, 81(5): 053905.

[26] 夏苑桃, 蔡洋. 激光多普勒测速仪应用于纳秒激光冲击过程的模拟和实验研究[J]. 实验力学, 2020, 35(6): 994-1002.

[27] 徐锡申, 张万箱,等. 实用物态方程理论导引[M]. 北京: 科学出版社, 1986.

[28] 经福谦. 实验物态方程导引[M]. 2 版. 北京: 科学出版社, 1999.

[29] Asay J R, Shahinpoor M. High-Pressure Shock Compression of Solids[M]. New York: Springer Science & Business Media, 2012.

[30] Meyers M A. Dynamic Behavior Of Materials[M]. New York: Wiley, 1994.

[31] 谭华. 实验冲击波物理导引[M]. 北京: 国防工业出版社, 2007.

[32] Bian Y L, Chai H W, Ye S J, et al. Compression and spallation properties of polyethylene terephthalate under plate impact loading[J]. International Journal of Mechanical Sciences, 2021, 211: 106736.

[33] Barker L M, Hollenbach R E. Shock-wave studies of PMMA, fused silica, and sapphire[J]. Journal of Applied Physics, 1970, 41(10): 4208-4226.

[34] Kanel G I. Spall fracture: methodological aspects, mechanisms and governing factors[J]. International Journal of Fracture, 2010, 163(1): 173-191.

[35] Zhang N B, Xu J, Feng Z D, et al. Shock compression and spallation damage of high-entropy alloy Al0.1CoCrFeNi[J]. Journal of Materials Science & Technology, 2022, 128: 1-9.

[36] Antoun T, Curran D R, Seaman L, et al. Spall Fracture[M].New York: Springer Science & Business Media,2003.

[37] Dekel E, Eliezer S, Henis Z, et al. Spallation model for the high strain rates range[J]. Journal of Applied Physics, 1998, 84(9): 4851-4858.

[38] Cai Y, Wu H A, Luo S N. Spall strength of liquid copper and accuracy of the acoustic method[J]. Journal of Applied Physics, 2017, 121(10): 105901.

[39] Arman B, Luo S N, Germann T C, et al. Dynamic response of $Cu_{46}Zr_{54}$ metallic glass to high-strain-rate shock loading: Plasticity, spall, and atomic-level structures[J]. Physical Review B, 2010, 81(14): 144201.

[40] Kanel G I, Utkin A V. Estimation of the spall fracture kinetics from the free-surface velocity profiles[C]//AIP Conference Proceedings. Seattle, Washington (USA). AIP, 1996: 487-490.

[41] 丁慎训, 张连芳. 物理实验教程[M]. 2 版. 北京: 清华大学出版社, 2002.

[42] ISO. Guide to the expression of uncertainty in measurement[J]. Measurement Uncertainty, 2008,30:105-107.

[43] 施昌彦. 测量不确定度评定与表示指南[M]. 北京: 中国计量出版社, 2000.

[44] 全国法制计量管理计量技术委员会.通用计量术语及定义：JJF 1001—2011[S]. 北京: 中国质检出版社, 2011.

[45] Bushman A V, Lomonosov I V, Khishchenko K V, et al. Shock Wave Database [EB/OL]. (2003) [2023]. http://www.ficp.ac.ru/rusbank/index.php.

[46] Marsh S P. LASL Shock Hugoniot Data[M]. Berkely: University of California Press,1980.

[47] Zhang J, Zhao L, Zhang R Z, et al. Equation of state remeasurements for aluminum and copper under low-impact loading[J]. AIP Advances, 2023, 13 (4): 045202.

[48] Millett J C F, Cotton M, Bourne N K, et al. The behaviour of niobium and molybdenum during uni-axial strain loading[J]. Journal of Applied Physics, 2014, 115(7): 073506.

[49] Boteler J M, Dandekar D P. Dynamic response of two strain-hardened aluminum alloys[J]. Journal of Applied Physics, 2006, 100(5): 054902.

[50] Gandhi S, Mukherjee D, Rav A, et al. Determination of Hugoniot and strength properties of 6061 aluminium alloy under dynamic loading[J].AIP Conference Proceedings，2019，2115（1）：030208.

[51] Brown J M, Fritz J N, Hixson R S. Hugoniot data for iron[J]. Journal of Applied Physics, 2000, 88(9): 5496-5498.

[52] Zhang N B, Liu Q, Yang K, et al. Effects of shock-induced phase transition on spallation of a mild carbon steel[J]. International Journal of Mechanical Sciences, 2022, 213: 106858.

[53] Dandekar D P, Spletzer S V. Shock response of Ti-6Al-4V[J]. AIP Conference Proceedings，2000，505（1）：427-430.

[54] Niu Y Y, Li T, Zhou W B, et al. Shock compression equation of state and dynamic deformation mechanism of additive manufactured Ti_6Al_4V titanium alloy[J]. Chinese Journal of Theoretical and Applied Mechanics, 2023, 55(8): 1673-1685.

[55] Gao Y B, Zhang W, Wei G, et al. A new approach for Hugoniot equation of state of polycarbonate[J]. Measurement, 2015, 68: 246-256.

[56] Millett J C F, Bourne N K, GrayIII G T. The response of polyether ether ketone to one-dimensional shock loading[J]. Journal of Physics D: Applied Physics, 2004, 37(6): 942.

[57] Boettger J C, Johnson J D. Sesame equation of state number 8020: Polyetheretherketone (PEEK)[R]. Los Alamos: Los Alamos National Laboratory, 1993.

[58] Roberts A, Appleby-Thomas G J, Hazell P. Experimental determination of grüneisen gamma for polyether ether ketone (PEEK) using the shock-reverberation technique[J]. AIP Conference Proceedings, 2012，1426（1）：824-827.

[59] Xie W B, Zhang W, Guo L C, et al. The shock and spallation behavior of a carbon fiber reinforced polymer composite[J]. Composites Part B: Engineering, 2018, 153: 176-183.

[60] Alexander C S, Key C T, Schumacher S C. Dynamic response and modeling of a carbon fiber—epoxy composite subject to shock loading[J]. Journal of Applied Physics, 2013, 114(22): 223515.

[61] Millett J C F, Bourne N K, Meziere Y J E, et al. The effect of orientation on the shock response of a carbon fibre-epoxy composite[J]. Composites Science and Technology, 2007, 67(15/16): 3253-3260.